JIU SHUI ZHI SHI

酒水知识

刘 敏 编著

北京·旅游教育出版社

酒店餐饮经营管理服务系列教材
编写委员会

总　序

　　中国的酒店管理教育已经走过了三十多个年头。三十多年,对于人生而言,可以讲已逾而立之年、已经走入成熟。然而,对酒店管理专业的发展而言,这么短的时间恐怕仅仅只能孕育学科的胚胎、萌芽。所幸的是,这三十多年不同于历史进程中一般的三十多年,这三十多年来,我们一直在探索着前进的方向该如何去定,脚下的路该怎么走。由此,我们的视野得以扩展,我们的信心得以强化,我们的步伐得以加快。

　　"酒店餐饮经营管理服务系列教材"就是在这样的背景下,步入了人们的视野。三十多年来,中国的酒店管理教育得到了长足的发展,但令人遗憾的是,长期以来,在课堂上讲课时,授课者能够使用的餐饮管理教材,往往以"饭店餐饮管理"的名称,将专业化程度很高的所有餐饮具体业务,在一本教材里"包圆"了。随着餐饮专业化程度越来越细、深度越来越深,一本教材包打天下的局面已经难以为继,我们这套"酒店餐饮经营管理服务系列教材"应运而生。整套教材计划出书共十五本左右,其涉及的面紧扣三大类主题:餐饮知识与技能类教材、餐饮运行与管理类教材、餐饮经营与法规类教材,力求将酒店餐饮方面的主要业务囊括进去。这套教材的层次定位为如下几个方向:高校酒店管理专业本科学生用书、高职高专学生用书、酒店行业员工在岗在职培训用书,同时,本教材也可作为餐旅专业高等教育的专业用书,及高等教育自学考试的教材。

　　本系列教材作为中国酒店教育餐饮类的细分教材,无疑是一种尝试,难免存在局限性,恳请广大专家、教师同行和其他读者提出宝贵意见,以便通过修订,使之更趋完善。

酒店餐饮经营管理服务系列教材
编写委员会

前言

　　随着大众化旅游时代的到来,旅游业以其强劲的发展势头而成为全球经济中最具活力的绿色朝阳产业。作为其组成部分的饭店业、餐饮业、酒吧业也日益成长。在餐饮与酒吧经营中,所涉及的酒水品种繁多,各种进口的葡萄酒、蒸馏酒和配制酒的种类及品牌也在不断增加,这给餐饮管理者、酒吧经营者以及服务工作人员带来了一定的难题。随着经济的发展和人们生活水平的提高,人们越来越有机会在各种社交场合饮用"洋"酒水。与此同时,自中国加入WTO之后,各类洋酒的关税大幅度下降,中国的普通消费者有能力消费这种进口酒水。因此,为了满足餐饮管理者、酒吧经营者以及服务工作人员对酒水业务知识的需求,为帮助普通消费者解决一些酒水相关问题,特编写了《酒水知识》。

　　本书详细介绍了各种饮料酒的知识、世界各地著名的葡萄酒、蒸馏酒、配制酒的质量等级、种类、特点和服务要求,可作为饭店餐饮酒吧经营者、服务人员、大专院校饭店管理专业学生的专业酒水教材。本书力求体系清晰,兼具实用的普及性与适用的专业性。

　　本书稿完成后得到上海旅游高等专科学校李勇平老师以及旅游教育出版社老师们的审阅和指导,在此由衷感谢。

　　酒水知识专业性较强,本书纰漏之处在所难免,欢迎广大读者给予批评指正。

刘　敏

目　录

酒类概述

通过本章的学习,使学生对酒水概况有一个初步的认识,了解酒类发展史;了解酒类生产的基本原理和生产工艺,并从不同分类角度了解常见的酒水种类。

第一节　酒的起源

酒,在人类文化的历史长河中,已不仅仅是一种客观的物质存在,而且是一种文化象征,即酒神精神的象征。酒起源于何时,至今是个不解之谜。虽然没有有形的文字记载,但百姓却把酒的发明归功于神,从而诞生了许多与酒有关的美丽动人的传说。在我国,由谷物粮食酿造的酒一直处于优势地位,而果酒所占的份额很小,因此,探讨我国酿酒的起源问题主要是探讨谷物酿酒的起源。关于西方酒的起源,将在以后各章中详细讲解。

一、酒起源的传说

在古代,酿酒的起源往往被归于某些人的发明,把这些人说成是酿酒的鼻祖,由于影响非常大,以致成了正统的观点。对于这些观点,宋代《酒谱》曾提出过质疑,认为"皆不足以考据,而多其赘说也"。这虽然不足以考据,但作为一种文化认同现象,不妨将几种传说罗列于下。

1. 天上酒星酿造说

宋代窦革在《酒谱》一文中曾提到有人说,"酒,酒星之作也"。可见我们的祖先中有人认为,酒是天上"酒星"的"作品",是酒星发明的。那么,酒星究竟在哪里?据《晋书·天文志》说:"在轩辕右角南三星曰酒旗,酒官之旗也,主宴飨饮食。"轩辕,是我国古星名,共十七颗星。酒星就在它的东南方。相传在西周初的政治家周公所作的《周礼》中就提到酒旗星。古代诗文中也常提到"酒星"或"酒旗星"。如:号称"酒仙"的大诗人李白在《月下独酌·其二》中就有"天若不爱酒,酒星不在天"的诗句;东汉末年以"座上客常满,田中酒不空"自称的孔融在《与曹操论酒禁书》中有"天垂酒星之耀,地列酒泉之郡"的语句,反对曹操禁酒。此外,古人还有"仰酒旗之景曜""拟酒旗于元象"的诗句,都提到天上有管酿造的酒星。

2. 仪狄酿酒

相传夏禹时期的仪狄发明了酿酒。公元前二世纪史书《吕氏春秋》云:"仪狄作酒。"汉代刘向编辑的《战国策》则进一步说明:"昔者,帝女令仪狄作酒而美,进之禹,禹饮而甘之,曰'后世必有饮酒而亡国者'。遂疏仪狄而绝旨酒(禹乃夏朝帝王)。"

3. 杜康酿酒

另一则传说认为酿酒始于杜康(亦为夏朝的人)。东汉《说文解字》中解释"酒"字的条目中有:"杜康作秫酒。"另外,《世本》(一部由先秦时期史官修撰的,主要记载上古帝王、诸侯和卿大夫家族世系传承的史籍)中也有同样的说法。

4. 酿酒始于黄帝时期

另一种传说则表明在黄帝时期人们就已开始酿酒。黄帝是中华民族的祖先,很多发明创造都出现在黄帝时期。汉代成书的《黄帝内经·素问》中记载了黄帝与岐伯讨论酿酒的情景,《黄帝内经》中还提到一种古老的酒——醴酪,即用动物的乳汁酿成的甜酒。

这些传说尽管各不相同,但大致说明酿酒早在夏朝或者夏朝以前就存在了,这一点已被考古学家所证实。夏朝距今四千多年,而目前已经出土了距今五千多年的酿酒器具。《新民晚报》1987年8月23日发表文章《中国最古老的文字在山东莒县发现》,副标题为《同时发现五千年前的酿酒器具》。这一发现表明:我国酿酒至少在五千年前已经开始,而酿酒之起源当然还在此之前。在远古时代,人们需要先接触到某些天然发酵的酒,然后加以仿制。这个过程可能需要一个相当长的时期。

二、考古发现对酿酒起源的佐证

谷物酿酒的两个先决条件是酿酒原料和酿酒容器。以下几个典型的新石器文化时期的发现对酿酒的起源有一定的参考作用。

1. 裴李岗文化时期(公元前5000—公元前6000年)与河姆渡文化时期(公元前4000—公元前5000年)

上述两个文化时期,都有陶器和农作物遗存,均具备酿酒的物质条件。

2. 磁山文化时期

磁山文化时期距今7355至7235年,有发达的农业经济。据有关专家统计:在遗址中发现"粮食堆积为 $100m^3$，折合重量 5 万公斤"，还发现了一些形制类似于后世酒器的陶器。有人认为磁山文化时期，谷物酿酒的可能性是很大的。

3. 三星堆遗址

该遗址地处四川省广汉，埋藏物为公元前 4800 年至公元前 2870 年之间的遗物。该遗址中出土了大量的陶器和青铜酒器，其器形有杯、瓠、壶等。其形状之大也为史前文物所少见。

4. 山东莒县陵阴河大汶口文化墓葬

1979 年，考古工作者在山东莒县陵阴河大汶口文化墓葬中发掘到大量的酒器。其中有一套组合酒器，包括酿造发酵所用的大陶尊、滤酒所用的漏缸、贮酒所用的陶瓮、用于煮熟物料所用的炊具陶鼎。还有各种类型的饮酒器具 100 多件。据考古人员分析，墓主生前可能是一名职业酿酒者[①]。在发掘到的陶缸壁上还发现刻有一幅图，据分析是滤酒图。

5. 龙山文化时期

在龙山文化时期，酒器就更多了。国内学者普遍认为龙山文化时期酿酒是较为发达的行业。

以上考古得到的资料都证实了古代传说中的黄帝时期、夏禹时期确实存在着酿酒这一行业。

三、现代学者对酿酒起源的看法

1. 酒是天然产物

最近科学家发现，在漫漫宇宙中，存在着一些由酒精组成的天体。天体中所蕴藏着的酒精，若制成啤酒，可供人类饮几亿年。这正好可用来说明酒是自然界的一种天然产物。人类不是发明了酒，而仅仅是发现了酒。酒里最主要的成分是酒精（学名乙醇，分子式为 C_2H_5OH）。只要具备一定的条件，许多物质可以通过多种方式转变成酒精。如葡萄糖可在微生物所分泌的酶的作用下，转变成酒精。大自然完全具备产生这些条件的基础。

我国晋代的江统在《酒诰》中写道："酒之所兴，肇自上皇，或云仪狄，又云杜康。有饭不尽，委馀空桑，郁积成味，久蓄气芳，本出于此，不由奇方。"在这里，古人提出剩饭自然发酵成酒的观点，是符合科学道理及实际情况的。江统是我国历史上第一个提出谷物自然发酵酿酒学说的人。

总之，人类开始酿造谷物酒，并非发明创造，而是发现。方心芳先生[②]则对此

---

① 王树明. 大汶口文化晚期的酿酒[J]. 中国烹饪，1987(9).

② 方心芳，微生物学家，我国现代工业微生物学开拓者和应用现代微生物学的理论和方法研究传统发酵产品的先驱者之一。

做了具体的描述："在农业出现前后,贮藏谷物的方法粗放。天然谷物受潮后会发霉和发芽,吃剩的熟谷物也会发霉,这些发霉发芽的谷粒,就是上古时期的天然曲蘖,将之浸入水中,便发酵成酒,即天然酒。人们不断接触天然曲蘖和天然酒,并逐渐接受了天然酒这种饮料,久而久之,就发明了人工曲蘖和人工酒。"现代科学对这一问题的解释是:剩饭中的淀粉在自然界存在的微生物所分泌的酶的作用下,逐步分解成糖分和酒精,自然转变成了香浓的酒。在远古时代人们的食物中,采集的野果含糖分高,无须经过液化和糖化,最易发酵成酒。

2. 果酒和乳酒——第一代饮料酒

人类有意识地酿酒是从模仿大自然的杰作开始的,我国古代书籍中就有不少关于水果自然发酵成酒的记载。如宋代周密在《癸辛杂识》中曾记载山梨被人们贮藏在陶缸中后,竟变成了清香扑鼻的梨酒。元代的元好问在《蒲桃酒赋》的序言中也记载道:某山民因避难山中,堆积在缸中的蒲桃也变成了芳香醇美的葡萄酒。古代史籍中还有所谓"猿酒"的记载,当然这种猿酒并不是猿猴有意识酿造的酒,而是猿猴采集的水果自然发酵所生成的果酒。

远在旧石器时代,人们以采集和狩猎为生,水果自然是主食之一。水果中含有较多的糖分(如葡萄糖,果糖)及其他成分,在自然界中微生物的作用下,很容易自然发酵生成香气扑鼻、美味可口的果酒。另外,动物的乳汁中含有蛋白质、乳糖,极易发酵成酒,以狩猎为生的先民们也有可能意外地从留存的乳汁中得到乳酒。在《黄帝内经》中,提到"醴酪",这便是我国乳酒的最早记载。根据古代的传说及酿酒原理的推测,人类有意识酿造的最原始的酒类品种应是果酒和乳酒。因为果物和动物的乳汁极易发酵成酒,所需的酿造技术较为简单。

四、中国饮酒风俗

1. 饮酒礼节

饮酒作为一种饮食文化,在远古时代就形成了一项大家必须遵守的礼节。有时这种礼节还非常烦琐。但如果在一些重要的场合下不遵守,就有犯上作乱的嫌疑。又因为人饮酒过量后不能自制,容易生乱,制定饮酒礼节就显得很重要。明代的袁宏道,看到酒徒在饮酒时不遵守酒礼,深感长辈有责任,于是从古代的书籍中收集了大量的资料,专门写了一篇《觞政》。这虽然是为饮酒行令者写的,但对于一般的饮酒者也有一定的意义。

我国古代饮酒有以下一些礼节:主人和宾客一起饮酒时,要相互跪拜。晚辈在长辈面前饮酒,叫侍饮,通常要先行跪拜礼,然后坐入次席。长辈命晚辈饮酒,晚辈才可举杯;长辈酒杯中的酒尚未饮完,晚辈也不能先饮尽。

古代饮酒的礼仪约有四步:拜、祭、啐、卒爵。就是先做出拜的动作,表示敬意;

接着把酒倒出一点在地上,祭谢大地生养之德;然后尝尝酒味,并加以赞扬令主人高兴;最后仰杯而尽。

在酒宴上,主人要向客人敬酒(叫酬),客人要回敬主人(叫酢),敬酒时还要说上几句敬酒词。客人之间相互也可敬酒(叫旅酬)。有时还要依次向人敬酒(叫行酒)。敬酒时,敬酒的人和被敬酒的人都要"避席",起立。普通敬酒以三杯为度。

2. 酒令(觞令)

饮酒行令,是中国人在饮酒时助兴的一种特有方式。酒令由来已久,开始时可能是为了维持酒席上的秩序而设立"监"。汉代有了"觞政",就是在酒宴上执行觞令,对不饮尽杯中酒的人实行某种处罚。在远古时代就有了射礼,为宴饮而设的称为"燕射"。即通过射箭,决定胜负。负者饮酒。古人还有一种被称为投壶的饮酒习俗,源于西周时期的射礼。酒宴上设一壶,宾客依次将箭向壶内投去,以投入壶内多者为胜,负者受罚饮酒。《红楼梦》第四十回中,鸳鸯吃了一盅酒,笑着说:"酒令大如军令,不论尊卑,唯我是主,违了我的话,是要受罚的。"总的说来,酒令是用来罚酒的。但实行酒令最主要的目的是活跃饮酒时的气氛。何况酒席上有时坐的客人互不认识,行令就像催化剂,使酒席上的气氛活跃起来。

行酒令的方式可谓是五花八门。文人雅士与平民百姓行酒令的方式自然大不相同。文人雅士常用对诗或对对联、猜字或猜谜等,一般百姓则用一些既简单,又不需作任何准备的行令方式。

最常见,也最简单的是"同数",现在一般叫"猜拳",即用几个手指代表某个数,两人出手后,相加后必等于某数,出手的同时,每人报一个数字,如果甲所说的数正好与加数之和相同,则算赢家,输者就得喝酒。如果两人说的数相同,则不计胜负,重新再来一次。

击鼓传花:这是一种既热闹,又紧张的罚酒方式。在酒宴上宾客依次坐定位置。由一人击鼓,击鼓的地方与传花的地方是分开的,以示公正。击鼓时,花束就依次传递,鼓声一落,如果花束在某人手中,则此人就得罚酒。因此花束传递得很快,每个人都唯恐花束留在自己的手中。击鼓的人也得有些技巧,有时紧,有时慢,营造出一种捉摸不定的气氛,更加剧了场上的紧张程度。一旦鼓声停止,大家都会不约而同地将目光投向接花者,此时大家哄堂大笑,紧张的气氛立刻消散了,接花者只好饮酒。如果花束正好在两人手中,则两人可通过猜拳或其他方式决定负者。击鼓传花是一种老少皆宜的方式,但多用于女客。如《红楼梦》中就曾生动地描述这一场景。

3. 结婚饮酒习俗

(1)南方的"女儿酒":最早记载为晋人嵇含所著的《南方草木状》,说南方人生下女儿才数岁,便开始酿酒,酿成酒后,埋藏于池塘底部,待女儿出嫁之时才取出供宾客饮用。这种酒在绍兴得到继承,发展成为著名的"花雕酒",其酒质与一般的绍兴酒并无显著差别,主要是装酒的坛子独特,这种酒坛还在土坯时,就雕上各种花卉图案、人物鸟兽、山水亭榭,等到女儿出嫁时,取出酒坛,请画匠用油彩画出"百戏",如"八仙过海""龙凤呈祥""嫦娥奔月"等,并配以吉祥如意、花好月圆的"彩头"。

(2)满族人在举行婚礼前后的"谢亲席":将烹制好的一桌酒席置于特制的礼盒中,由两人抬着送到女方家,以表示对亲家养育了女儿给自家做媳妇的感谢之情。另外,还要做一桌"谢媒席",用圆笼装上,由一人挑上送到媒人家,表示对媒人成全好事的感激之情。

(3)满族人结婚时的"交杯酒":入夜,洞房花烛齐亮,新郎给新娘揭下盖头后要坐在新娘左边,娶亲太太捧着酒杯,先请新郎抿一口;送亲太太捧着酒杯,先请新娘抿一口;然后两位太太将酒杯交换,请新郎新娘再各抿一口。

(4)达斡尔族的"接风酒"和"出门酒":送亲的人一到男家,新郎父母要斟满两盅酒,向送亲人敬"接风酒",这也叫"进门盅",来宾要全部饮尽,以示已是一家人。尔后,男家要摆三道席宴请来宾。婚礼后,女方家远者多在新郎家住一夜,次日才走,在送亲人返程时,新郎父母都恭候门旁内侧,向贵宾一一敬"出门酒"。

(5)"会亲酒":订婚仪式时要摆的酒席。喝了"会亲酒",表示婚事已成定局,婚姻契约已经生效,此后男女双方不得随意退婚、赖婚。

(6)"回门酒":结婚的第二天,新婚夫妇要"回门",即回到娘家探望长辈,娘家要置宴款待,俗称"回门酒"。回门酒只设午餐一顿,酒后夫妻双双回家。

(7)"交杯酒":这是我国婚礼程序中的一个传统仪式,在古代又称为"合卺"(卺的意思本来是一个瓠分成两个瓢)。《礼记·昏义》有"合卺而酳",孔颖达解释道:以一瓠分为二瓢谓之卺,婿之与妇各执一片以酳(即以酒漱口),合卺又引申为结婚的意思。在唐代即有"交杯酒"这一名称,到了宋代,在礼仪上,盛行用彩丝将两只酒杯相连,并绾成同心结之类的彩结,夫妻互饮一盏,或夫妻传饮。这种风俗在我国非常普遍,如在绍兴地区喝交杯酒时,由男方亲属中儿女双全、福气好的中年妇女主持,喝交杯酒前,先要给坐在床上的新郎新娘喂几颗小汤圆,然后斟上两盅花雕酒,分别给新婚夫妇各饮一口,再把这两盅酒混合,又分为两盅,取"我中有你,你中有我"之意,让新郎新娘喝完后,并向门外撒大把的喜糖,让外面围观的人群争抢。婚礼上的交臂酒:为表示夫妻相爱,在婚礼上夫妻各执一杯酒,手臂相交各饮一口。

我国五十六个民族中,除了信奉伊斯兰教的回族一般不饮酒外,其他民族都是饮酒的,而且各民族都有自己独特的饮酒习俗。

第二节　酒的生产原理与生产工艺

一、酒与酒度

1. 酒的定义与酒的成分

根据《现代汉语词典》的解释,酒是一种用粮食、水果等含淀粉或糖的物质发酵、蒸馏而成的含乙醇、带刺激性的饮料。酒中最重要的成分是乙醇(酒精),乙醇的特性在很大程度上决定了酒的特性。

乙醇的主要物理特性是:常温下呈液态,无色、透明、易燃烧,沸点为78.3℃,冰点为 −114℃;不易感染杂菌,刺激性较强;可溶解酸、碱和少量油类,不溶解盐类,可溶于水,乙醇与水相互作用释放出热,体积收缩,以53%的乙醇与水分子结合最紧密,因而刺激性相对较小。我国有很多白酒是53°的,例如茅台酒。

酒中还含有另一种成分——甲醇。甲醇又称为木醇,它能无限溶于酒精和水中,有刺鼻气味。甲醇有毒,能损害人体的神经系统尤其是视神经。因此,我国规定了白酒中甲醇的限量,即在一般以粮食原料酿造的白酒中,甲醇含量不得超过0.04 克/100 毫克;以薯类及其他代用品为原料酿造的酒,甲醇含量不得超过 0.12克/100 毫升。

酒中还有其他多种物质,主要包括:水分、总醇类、总醛类、总脂类、糖分、杂醇油、矿物质和微生物等。这些物质虽然在酒中比例甚小,但对酒的质量以及色、香、味、体等有很大的影响,形成了酒与酒之间千差万别的口味。

2. 酒度

一般用酒度表示乙醇在酒中的含量(啤酒除外)。目前,国际上使用的酒度表示法有三种。

(1)标准酒度(Alcohol% by Volume)。标准酒度是法国著名化学家盖·吕萨克(Gay·Lussac)发明的。它是指在20℃条件下,每100毫升酒液中含有多少毫升的酒精。这种表示法比较容易理解,因而使用较为广泛。标准酒度又称为盖·吕萨克酒度,通常用百分比表示此法,或用缩写 GL 表示,或用符号"°"表示。

(2)英制酒度(Degrees of Proof UK)。英制酒度是 18 世纪由英国人克拉克(Clark)创造的一种酒度计算方法。

(3)美制酒度(Degrees of Proof US)。美制酒度用酒精纯度(Proof)表示,一个酒精纯度相当于 0.5% 的酒精含量。

英制酒度和美制酒度的发明都早于标准酒度的出现,它们都用酒精纯度

（Proof）来表示。但三种酒度之间可以进行换算。因此，如果知道英制酒度，想算出它的美制酒度或标准酒度，可利用下列公式算出来：

标准酒度×1.75 = 英制酒度

标准酒度×2 = 美制酒度

英制酒度×8/7 = 美制酒度

二、生产原理及生产工艺

1. 酒的生产原理

酒的酿造过程分为发酵、蒸馏两大部分。酒精的形成需要一定的物质条件和催化条件。糖分是酒精发酵最重要的物质条件，而酶则是酒精发酵必不可少的催化剂。在酶的作用下，单糖被分解成酒精、二氧化碳和其他物质。以葡萄糖酒化为例：

$$C_6H_{12}O_6 \rightarrow 2C_2H_5OH + 2CO_2 + 24 \text{ 千卡热量}$$

葡萄糖　　酒精　　　二氧化碳

这个反应式是法国化学家盖·吕萨克（Gay Lussac）在1810年首先提出来的。后来科学家们又研究测得每100克葡萄糖理论上可以产生51.14克的酒精（实际的产量比理论上低）。1857年，法国另一名化学家路易斯·帕斯特（Louis Pasteur）发现酒精发酵是在没有氧气的条件下进行的。为此，他提出了"发酵是没有空气的生命活动"这一著名论断。

用于酿酒的原料并不都含有丰富的糖分，而酒精的产生又离不开糖，因此将不含糖的原料变成含糖原料，就需要进行工艺处理。淀粉（淀粉是葡萄糖分子聚合而成的，它是细胞中碳水化合物最普遍的储藏形式）很容易变成葡萄糖。当水温超过50℃时，淀粉溶解于水，在淀粉酶的作用下，淀粉水解成麦芽糖和酒精，在麦芽糖酶的作用下，麦芽糖可以水解成葡萄糖。这一变化过程称为淀粉糖化，可用下列公式来表示：

淀粉 + 水 → 酒精 + 麦芽糖

麦芽糖 + 水 → 葡萄糖

从理论上说，100千克淀粉掺水11.12升，可生产111.12千克糖与56.82升酒精。但实际上远远达不到这个数字，其原因是多种多样的。在实际酿酒过程中，正常发酵后得到的酒液浓度是15°左右，这是一般酿造酒的度数。酒精浓度更高的酒液，是人类在发明蒸馏器之后才得到的。

2. 酒的生产工艺

酒的主要生产工艺为以下四种：

（1）发酵工艺（Fermentation）

任何酒的生产都必须经过发酵，这是酿酒过程中最重要的一步。简单地说，此工艺的关键就是将酿酒原料中的淀粉糖化,继而酒化的过程。

（2）蒸馏工艺（Distillation）

蒸馏是酿酒的重要过程,蒸馏的原理很简单,即根据酒精的物理性质——酒精的汽化温度为78.3℃,只要将发酵过的原料加热到78.3℃以上,就能获得气体酒精,冷却之后即为液体酒精。采用蒸馏方法来提高酒度,酒精含量一次可提高到原来的3倍,即把酒精含量为15°的酒液进行一次蒸馏,可得到45°的酒液。但实际上,通过这种方法永远也得不到100%的纯酒精。

（3）陈化工艺（Maturing,Ageing）

陈化工艺对酒品质的最终形成非常关键。通常需要将酒液储存在木桶或窖池中放置一段时间以促进酒液的成熟,从而形成完美的香气和良好的品质。但有少数酒可以不需要陈化,例如:金酒、伏特加等。

（4）勾兑工艺（Blending）

勾兑工艺,就是将不同酒龄、不同品质特点的酒在装瓶前按一定比例进行混合以达到统一的良好出品品质。勾兑工艺是酒类生产过程中相当重要的环节,酒的最终风格的形成有赖于勾兑工艺的好坏。

（5）装瓶工艺（Bottling）

装瓶之前要过滤、澄清和稳定酒水,然后装入相应的瓶中。

第三节　酒的分类

世界各地的酒有成千上万种,关于酒的分类方法也各不相同。为了便于了解酒类知识,现将几种常见的分类方法及类别介绍如下。

一、按生产方式分类

前面已经介绍过酒类生产的方法和工艺。按照生产工艺的不同可对酒的品种做如下分类。这里可以按照图1-1了解几类酒之间的关系。

图1-1　几类酒的关系

1. 发酵酒(Fermented Beverage)

发酵酒又称酿造酒、原汁酒,它是在含有糖分的液体中加入酵母进行发酵而产生的含酒精的饮料。其生产工艺包括糖化、发酵、过滤、杀菌等工序。发酵酒的主要酿造原料是谷物和水果,其特点是酒精含量低,属于低度酒。常见的有:

(1)葡萄酒

• 原汁葡萄酒(Natural Wine):完全以葡萄为原料发酵而成,不添加糖分、酒精及香料的葡萄酒。

• 气泡葡萄酒(Sparkling Wine):葡萄酒经密闭二次发酵产生二氧化碳,在20℃时二氧化碳的压力大于或等于0.35MPa。

• 强化葡萄酒(Fortified Wine):在天然葡萄酒中加入白兰地、食用精馏酒精或葡萄酒精、浓缩葡萄汁等,酒精度在15%~22%的葡萄酒。

• 加香葡萄酒(Aromatized Wine):以葡萄原酒为酒基,经浸泡芳香植物或加入芳香植物的浸出液(或蒸馏液)而制成的葡萄酒。

(2)谷物发酵酒

• 啤酒(Beer)

• 黄酒(Chinese Rice Wine)

• 清酒(Sake)

(3)其他原料发酵酒

• 蜂蜜酒(Hydromel)

• 马奶酒(Kumiss)

2. 蒸馏酒(Distilled Beverage)

蒸馏酒是把原料发酵后,以一次或多次的蒸馏过程提取高酒度的酒液。其酒度不低于24°,大多数白酒属于这种类型。

(1)谷类蒸馏酒(Grain)

• 威士忌酒(Whisky)

• 伏特加酒(Vodka)

• 金酒(Gin)

• 中国白酒(China White Liquor)

(2)水果白兰地酒(Fruit Brandies)

• 葡萄白兰地酒(Brandy)

• 苹果白兰地酒(Apple Brandy)

• 樱桃白兰地酒(Cherry Brandy)

• 李子白兰地酒(Plum Brandy)

• 西洋梨白兰地酒(Pear Brandy)

- 覆盆子白兰地酒（Raspberry Brandy）

（3）果杂蒸馏酒（Miscellaneous）

- 朗姆酒（Rum）
- 特基拉酒（Tequila）

3.配制酒（Compounded Beverage）

配制酒是将白酒或食用酒精配以药材、香料和植物等浸泡、配制而成的。其酒度在 22°左右,个别配制酒的酒度高些,但一般都不超过 40°。药酒、露酒就属于这种类型。

（1）开胃类配制酒（Aperitif）

- 味美思酒（Vermouth）
- 比特酒（Bitters）
- 茴香酒（Anise）

（2）佐甜食类配制酒（Dessert Wine）

- 雪利酒（Sherry）
- 波特酒（Port Wine）
- 马德拉酒（Madeira）
- 马萨拉酒（Marsala）

（3）餐后用配制酒（Liqueurs or Cordials）

- 果料类利口酒（Fruit Liqueur）
- 草料类利口酒（Plant Liqueur）
- 种料类利口酒（Seed Liqueur）

二、按酒精含量分类

按酒精含量的多少,酒水可分为:低度酒、中度酒、高度酒和无酒精饮料四种类型。

1.低度酒

酒精度数在 20°以下的酒为低度酒,低度酒一般指各种发酵酒。常见的有葡萄酒、桂花陈酒、低度药酒,以及部分黄酒和日本清酒。

2.中度酒

酒精度数在 20°~40°之间的酒被称为中度酒,中度酒一般指各种配置酒。常见的有餐前开胃酒（如味美思、茴香酒等）、甜食酒（波特酒、雪利酒）、餐后甜酒（薄荷酒、橙香酒）等。国产的竹叶青、米酒等也属于此类。

3.高度酒

酒精度数在 40°以上的烈性酒属于高度酒,高度酒一般指各种蒸馏酒。常见的有白兰地、威士忌、金酒等。国产的如茅台、五粮液、汾酒、泸州老窖等白酒也属于此类酒。

4. 无酒精饮料

泛指所有不含酒精成分的饮品,如乳饮料、矿泉水、果汁等。

三、按西餐就餐习惯分类

1. 餐前酒(Aperitif)

餐前酒也称开胃酒,是指在餐前饮用的,喝了以后能刺激人的胃口,使人增加食欲的饮料。一般包括的品种有:

- 味美思酒(Vermouth)
- 比特酒(Bitters)
- 茴香酒(Anise)

2. 佐餐酒(Table Wine)

佐餐酒即葡萄酒(Wine)。在西餐的正餐中,只有葡萄酒可以作为佐餐用酒。餐酒包括红葡萄酒、白葡萄酒、玫瑰红葡萄酒和汽酒。

3. 甜食酒(Dessert Wine)

甜食酒是在西餐就餐过程中佐助甜食时饮用的酒品。其口味较甜,是以葡萄酒为基酒加葡萄蒸馏酒配制而成,也被称为强化葡萄酒(Fortified Wine)。甜食酒的糖度和酒度均高于一般葡萄酒。甜食酒中的干型酒液常被作为开胃酒来饮用。甜食酒的主要种类有:

- 雪利酒(Sherry)
- 波特酒(Port Wine)
- 马德拉酒(Madeira)
- 马萨拉酒(Marsala)

4. 餐后酒(Liqueur)

餐后酒即利口酒,供餐后饮用,有帮助消化的作用。这类酒有多种口味,主要种类有:

- 白兰地酒(Brandy)
- 伏特加酒(Vodka)

本章自测题

1. 酒类的生产工艺有哪些?
2. 按照生产方法分类,酒可以分哪几类?
3. 何为标准酒度法?

4. 酒精由液体转化为气体的汽化温度为(　　　　)。

A. 48.3℃　　　　　　B. 58.3℃　　　　　　C. 68.3℃　　　　　　D. 78.3℃

5. 从理论上说每100克葡萄糖可产生(　　)克酒精。

A. 51.14　　　　　　B. 52.14　　　　　　C. 53.14　　　　　　D. 54.12

6. 按酒的生产方法分类,蒸馏酒通常是(　　　　)。

A. 由发酵酒蒸馏提炼而得　　　　　　B. 由配制酒蒸馏提炼而得

C. 由酿酒原料直接蒸馏提炼而得　　　　D. 由利口酒蒸馏提炼而得

7. 下列选项中属于果杂蒸馏酒的是 (　　　　)。

A. 威士忌　　　　B. 李子白兰地　　　　C. 金酒　　　　　D. 特基拉酒

8. 将40(U.S proof)度的美制酒度度数换算成标准酒度度数,其结果是(　　　　)。

A. 20°　　　　　　B. 45.7°　　　　　　C. 70°　　　　　　D. 80°

9. 1个标准酒度对应的英制酒度数为(　　　　)。

A. 1.5°　　　　　　B. 1.75°　　　　　　C. 2°　　　　　　D. 2.25°

10. 将含酒精为7°的酒液进行2次蒸馏后,其酒液中的酒精含量将达(　　　　)。

A. 14°　　　　　　B. 21°　　　　　　C. 28°　　　　　　D. 63°

11. 下列选项中不属于开胃类配制酒的是(　　　　)。

A. 味美思酒(Vermouth)　　　　　　B. 比特酒(Bitters)

C. 茴香酒(Anise)　　　　　　　　D. 雪利酒(Sherry)

12. 在传统西餐的正餐中,下列选项可以作为佐餐酒的是(　　　　)。

A. 葡萄酒(Wine)　　　　　　　　B. 白兰地酒(Brandy)

C. 威士忌酒(Whiskey)　　　　　　D. 利口酒(Liqueur)

第 2 章

发 酵 酒

通过本章的学习,使学生基本掌握葡萄酒、香槟酒、啤酒、黄酒、清酒等发展史,熟悉这些酒的特征及主要生产地,掌握这些酒的分类与酿造方法,以及主要品牌、饮用和服务。

酒精度数在 0.5% vol 以上的酒精饮料被称为饮料酒,包括各种发酵酒、蒸馏酒及配制酒(我国国家标准 GB/T17204 –2008《饮料酒分类》)。

发酵酒(Fermented Beverage)定义:是指以粮谷、水果、乳类为主要原料,经发酵或部分发酵而酿制成的饮料酒。它的度数比较低,通常在 15°以下。生活中常用的发酵酒有:葡萄酒、香槟酒、啤酒、黄酒、米酒等。

第一节　葡萄酒

葡萄酒(Wine)是用新鲜的葡萄或葡萄汁,经发酵、陈酿、过滤、澄清等一系列的工艺流程所制成的酒精饮料。葡萄酒被称为"发酵酒之王",是当今世界上最大宗的饮品之一。根据国际葡萄与葡萄酒组织 OIV(葡萄和以葡萄为基础的产品领域里的政府间科技组织,它根据 1924 年 11 月 29 日建立国际葡萄酒组织的国际协议而创立。根据成员国的决定,国际葡萄酒组织从 1958 年 4 月起使用"国际葡萄与葡萄酒组织"这个名称)的规定,葡萄酒只能是新鲜葡萄果实或葡萄汁经完全或部分酒精发酵后获得的饮料,其酒度不能低于 8.5°。依据我国国家标准 GB/T17204 –2008《饮料酒分类》等采用的定义,葡萄酒是以鲜葡萄或葡萄汁为原料,经全部或部分发酵酿制而成,含有一定酒精度的发酵酒。

酿酒葡萄的地理分布:

1. 欧洲占据全球生产和消费的三分之二

截至 2011 年,全世界有近 800 万公顷葡萄园,其中酿酒葡萄的种植面积超过 600 万公顷,每年生产 290 亿升葡萄酒。由于历史因素,葡萄酒的生产和消费主要集中在欧洲,特别是在西欧,葡萄酒的生产和消费占了全球的三分之二。其中,前三大产国意大利、法国和西班牙的产量就已经超过全球产量的一半。20 世纪 90 年代中期开始流行的全球性葡萄酒风潮,已经将葡萄酒扩展成全球性的饮品。

2. 全球三分之二的葡萄园在欧洲

虽然新兴产区的种植面积越来越多,但欧洲仍拥有全球三分之二的葡萄园,依旧是全世界最重要的葡萄酒生产地。气候温和的环地中海区是欧洲葡萄园的主要集中地。在法国东南部、伊比利亚半岛、意大利半岛和巴尔干半岛上,葡萄园几乎随处可见。同属地中海沿岸的西亚和北非,由于气候和宗教的因素,葡萄园并不如北岸普遍,以生产葡萄干和新鲜葡萄为主。

法国除了沿地中海地区外,南部各省气候温和,葡萄园分布普遍,北部地区较冷,葡萄园易受气候条件的限制,但仍有不少条件特殊的产地。气候寒冷的德国,产地完全集中在南部的莱茵河流域。中欧多山地,种植区多限于向阳斜坡,产量不大。东欧各国中,保加利亚、罗马尼亚和匈牙利是主要生产国。俄罗斯和乌克兰的葡萄酒产区主要集中在黑海沿岸。

3. 加州是北美葡萄园的聚集地

北美的葡萄园几乎全集中在美国的加州、纽约州以及西北部,墨西哥和加拿大只有零星的种植。

4. 山东、河北是亚洲最大的种植区域

亚洲葡萄酒的生产以中国最为重要,最大的葡萄种植区在新疆吐鲁番,但以生产葡萄干和生食葡萄为主,酿酒葡萄则集中在山东、河北两省。另外日本、土耳其、黎巴嫩和印度也生产少量的葡萄酒。

南半球葡萄的种植全都是欧洲移民抵达之后才开始的,采用的也都是欧洲种的葡萄。在南美洲以安第斯山脉两侧的智利和阿根廷为主。此外,乌拉圭和巴西南部也产葡萄酒。除了地中海沿岸的北非产区外,非洲大陆的葡萄种植主要集中在南非西南部的西开普省。在大洋洲,以澳大利亚的葡萄种植最为著名,主要位于东南部以及西澳的西南部。另外,在新西兰北岛和南岛也都有葡萄园。

年份葡萄酒所标注的年份是指葡萄采摘的年份,其中年份葡萄汁所占比例不低于酒含量的 80%。

品种葡萄酒是指用所标注的葡萄品种酿制的酒所占比例不低于酒含量的 75%。

产地葡萄酒是指用所标注的产地葡萄酿制的酒所占比例不低于酒含量的 80%。

有关葡萄酒的知识非常广泛,而且极为复杂,本节仅对葡萄酒的主要知识做重点介绍。

一、葡萄酒的起源

1.国外葡萄酒的起源

关于葡萄酒的起源,古籍记载各不相同。大概是在一万年前诞生,已远至历史无法记载。葡萄酒是自然发酵的产物,葡萄果粒成熟后落到地上,果皮破裂,渗出的果汁与空气中的酵母菌接触,最早的葡萄酒就产生了。我们的远祖尝到这自然的产物,进而去模仿大自然生物本能的酿酒过程。因此,从现代科学的观点来看,酒的起源是经历了一个从自然酒过渡到人工造酒的过程。

（1）传说

● **传说一:诺亚方舟和葡萄酒**

《圣经》中《创世纪》第八、九章说到诺亚醉酒的故事:诺亚是亚当与夏娃无数子孙中的一员,十分虔诚地信奉上帝,他也就成了后来人的始祖。当上帝发现世上出现了邪恶和贪婪后,决定让地球爆发一场大洪水,来清除所有罪恶的生灵。诺亚遵循主的旨意,挑选地球上所有的植物(他挑选的植物就是葡萄)、动物种雌雄各一对,带着自己的 3 个儿子(西姆、可汗和迦费特),登上了自制的木船,即著名的诺亚方舟。经过 150 天的洪水后,在第 7 个月零 17 天,方舟被搁在了阿拉拉特山上(土耳其东部,亚美尼亚共和国与伊朗交界的边境地区)。此后,诺亚开始耕种土地,并种下了第一株葡萄植株,后来又着手酿酒。

虽然圣经上并没有提到诺亚是否带葡萄酒上船,但从他一下船就先栽培葡萄以便酿造葡萄酒来看,似乎可以推断他心中除了感谢上帝以外,另一件重要的事就是种葡萄酿酒。当然,诺亚酿酒是希伯来人的神话故事,而非事实。

● **传说二:重新得宠的妃子**

关于葡萄酒,还有一个爱情传说:从前有一个古波斯的国王,嗜爱吃葡萄,他将吃不完的葡萄藏在密封的罐子中,并写上"毒药"二字,以防他人偷吃。由于国王日理万机,很快便忘记了此事。国王身边有一位失宠的妃子,看到爱情日渐枯萎,感觉生不如死,便欲寻短见,凑巧看到带有"毒药"二字的罐子。打开后,里面颜色古怪的液体也很像毒药,她便将这发酵的葡萄汁当毒药喝下。结果她没有死,反而有种陶醉的、飘飘欲仙的感觉。多次"服毒"后,她反而容光焕发、面若桃花。国王得知后大为惊奇,妃子再度得宠,找回了失去光泽的爱情,皆大欢喜。葡萄酒也因此产生并广泛流传,受到人们的喜爱。

（2）事实

据史料记载,在一万年前的新石器时代,临近黑海的外高加索地区,即现在的安纳托利亚(Aratolia,古称小亚细亚)、格鲁吉亚和亚美尼亚,都发现了大量积存的葡萄种子,说明当时葡萄不仅仅用于吃,更主要的是用来榨汁酿酒。

多数史学家认为,葡萄酒的酿造起源于公元前 6000 年的古代波斯,即现今的伊朗。对于葡萄的最早栽培,大约是在 7000 年前始于前苏联南高加索、中亚细亚、叙利亚、伊拉克等地区。后来随着古代战争和古代移民传到其他地区。初至埃及,后到希腊。

在尼罗河河谷地带,考古学家从发掘的墓葬群中发现一种底部小圆、肚粗圆、上部颈口大的盛液体的土罐陪葬物品。经考证,这是古埃及人用来装葡萄酒或油的土陶罐。发掘的浮雕中,清楚地描绘了古埃及人栽培、采收葡萄、酿制和饮用葡萄酒的情景,这距今已有 5000 多年的历史。此外,埃及古王国时代所出品的酒壶上,也刻有伊尔普(埃及语,即葡萄酒的意思)一词。西方学者认为,这才是人类葡萄与葡萄酒业的开始。以葡萄酒为主题进行创作的著名作家休·约翰逊(Hugh Johnson)曾描写道:"古埃及有十分出色的品酒专家,他们就像二十世纪的雪利酒产销商或波尔多经纪的酒样,可以自信并专业地鉴定酒的品质。"

而希腊,是欧洲最早开始种植葡萄与酿制葡萄酒的国家,一些航海家从尼罗河三角洲带回葡萄和酿酒的技术。葡萄酒不仅是他们璀璨文化的基石,同时还是日常生活中不可缺少的一部分。在希腊荷马史诗《伊利亚特》和《奥德赛》中就有很多关于葡萄酒的描述。《伊利亚特》中葡萄酒常被描绘成黑色,而伊利亚特对人生实质的理解也通过一个种满黑葡萄的田园风情的葡萄园诠释了出来。据考证,古希腊爱琴海盆地有十分发达的农业,人们以种植小麦、大麦、油橄榄和葡萄为主。大部分葡萄果实用于做酒,剩余的制干。几乎每个希腊人都有饮用葡萄酒的习惯。酿制的葡萄酒被装在一种特殊形状的陶罐里,用于储存和贸易运输。这些地中海沿岸发掘的大量容器足以说明当时的葡萄酒贸易规模和路线,显示出葡萄酒是当时重要的贸易货品之一。公元前 700 年,葡萄酒不仅是商品,也是希腊宗教仪式的一部分,希腊人举行葡萄酒庆典以表示对神话中酒神的崇拜。

公元前 6 世纪,希腊人把葡萄通过马赛港传入高卢(现在的法国),并将葡萄栽培和葡萄酒酿造技术传给了高卢人。但在当时,高卢的葡萄和葡萄酒生产并不出名。罗马人从希腊人那里学会了葡萄栽培和葡萄酒酿造技术后,在意大利半岛全面推广葡萄酒,很快就传到了罗马,并经由罗马人之手传遍了全欧洲。

在公元 1 世纪时葡萄树遍布整个罗纳河谷(Rhne Valley);2 世纪时葡萄树遍布整个勃艮第(Burgundy)和波尔多(Bordeaux);3 世纪时已出现在卢瓦尔河谷(Loire Valley);最后在 4 世纪时出现在香槟区(Champagne)和摩泽尔河谷(Moselle Valley)。原本非常喜爱大麦啤酒(Cervoise)和蜂蜜酒(Hydromel)的高卢人很快地爱上了葡萄酒并且成为杰出的葡萄果农。

葡萄酒是罗马文化中不可分割的一部分,曾为罗马帝国的经济做出了巨大的贡献。随着罗马帝国势力的扩张,葡萄和葡萄酒又迅速传遍法国东部、西班牙、英国南部、德国莱茵河流域和多瑙河东边等地区。在这期间,有些国家曾禁止种植葡萄,不过,葡萄酒还是在欧陆上大大风行。其后罗马帝国的农业逐渐没落,葡萄园也跟着衰落。古罗马人喜欢葡萄酒,有历史学家将古罗马帝国的衰亡归咎于古罗马人饮酒过度而人种退化。

4世纪初罗马皇帝君士坦丁(Constantine)正式公开承认基督教,在弥撒典礼中需要用到葡萄酒,促进了葡萄树的栽种。公元五世纪罗马帝国灭亡以后,分裂出的西罗马帝国(法国、意大利北部和部分德国地区)里的基督教修道院详细记载了关于葡萄的收成和酿酒的过程。这些巨细靡遗的记录有助于培植出在特定农作区最适合栽种的葡萄品种。葡萄酒在中世纪的发展得益于基督教会。圣经中521次提及葡萄酒。耶稣在最后的晚餐上说"面包是我的肉,葡萄酒是我的血",基督教把葡萄酒视为圣血,教会人员把葡萄种植和葡萄酒酿造视为工作。葡萄酒随传教士的足迹传遍世界。

公元768年至814年统治西罗马帝国(法兰克王国)的加洛林王朝的"神圣罗马帝国"皇帝——查理曼(Charlemagne),其权势也影响了此后的葡萄酒发展。这位伟大的皇帝预见了法国南部到德国北边葡萄园遍布的远景,著名勃艮第产区的"可登－查理曼"顶级葡萄园(Grandcru Corton-Charlemagne)也一度是他的产业。法国勃艮第地区的葡萄酒可以说是法国传统葡萄酒的典范,但很少有人知道它的源头竟然是教会——西多会(Cistercians)。

西多会的修道士们是中世纪的葡萄酒酿制专家,这故事源于1112年。当时,一个名叫伯纳德·杜方丹(Bernard de Fontaine)的信奉禁欲主义的修道士带领304个信徒从克吕尼(Cluny)修道院叛逃到勃艮第的葡萄产区的科尔多省一个新建的小寺院,建立起西多会。西多会的戒律十分残酷,平均每个修道士的寿命为28岁,其戒律的主要内容就是要求修道士们在废弃的葡萄园里砸石头,用舌头尝土壤的滋味。在伯纳德死后,西多会的势力扩大到科尔多省的公区酿制葡萄酒,进而遍布欧洲各地的400多个修道院。

西多会的修道士沉迷于对葡萄品种的研究与改良。20世纪杰出的勃艮第生产商拉鲁列洛华(Lalou Bize-Leroy)认为西多会修道士会用尝土壤的方法来辨别土质。事实上,也正是这些修道士提出"土生"(Cru)的概念(即相同的土质可以培育出味道和款式一样的葡萄),也就是说,他们培育了欧洲最好的葡萄品种。在葡萄酒的酿造技术上,西多会的修道士正是欧洲传统酿酒灵性的源泉。大约13世纪,随着西多会的兴旺,遍及欧洲各地的西多会修道院的葡萄酒赢得了越来越高的声誉。14世纪阿维翁(Avignon)的主教们就特别偏爱勃艮第酒,豪爽的勃艮第菲利普公爵就是他的葡萄酒的名公关:1360年在布鲁日(Bruges)的天主教会议上,与会者能喝多少酒,他就提供多少。"饮少些,但要好"(Drink less but better)是与葡萄酒有关的一句不朽的谚语。不过从那时起,上等的红勃艮第的确从来没有大规模发展过;它的历史不如说是科尔多省的优良土壤长出的黑品诺得以尽善尽美地表现出其品质的历史。用小桶小批量地生产,是他们的游戏特色。尤其是1789 年法国革命后,由于修道院的解散和旧制度的贵族庄园被清算,勃艮第地区的葡萄园也化整为零。

后来,罗马人从希腊人那里学会了葡萄栽培和葡萄酒酿造技术后,很快地在意大利半岛全面推开。罗马人对葡萄酒极为热爱,他们在《十二木表法》中规定:"若人们行窃于葡萄园中,将被施以最严厉的惩罚。"后来,随着罗马帝国的不断扩张,葡萄栽培和葡萄酒酿造技术迅速传遍法国、西班牙、北非、德国及莱茵河流域地区,并形成了较大的规模。

公元 15—16 世纪,葡萄栽培和葡萄酒酿造技术再从欧洲地区传入南非、澳大利亚、新西兰、日本、朝鲜和美洲等国家和地区。在哥伦布发现新大陆以后,殖民者又将欧洲葡萄品种带到了南美洲。但由于葡萄根瘤蚜的危害,欧洲种葡萄在南美洲的栽培始终难以成功。到 19 世纪中叶,美国迎来了葡萄栽培和葡萄酒酿造、生产的大发展时期,嫁接技术的出现挽救了美国的葡萄树和葡萄酒业,并为其快速发展奠定了坚实的基础。现在南北美洲都有葡萄酒生产,著名的葡萄酒产区有阿根廷、加利福尼亚与墨西哥等地。

在中古世纪后,葡萄酒被视为快乐的源泉,幸福的象征,并在文艺复兴时代,造就了许多名作。

17、18 世纪前后,法国便开始雄霸了整个葡萄酒王国,波尔多和勃艮第两大产区的葡萄酒始终是两大梁柱,代表了两个主要类型的高级葡萄酒——波尔多的厚实和勃艮第的优雅,并成为酿制葡萄酒的基本准绳。然而这两大产区产量有限,不能满足全世界所需。于是从第二次世界大战后的六七十年代开始,一些酒厂和酿酒师便在全世界找寻适合的土壤、相似的气候来种植优质的葡萄品种,研发及改进酿造技术,使整个世界葡萄酒事业兴旺起来。尤其美国、澳大利亚两国,采用现代科技、市场开发技巧,开创了今天多姿多彩的葡萄酒世界潮流。

以全球划分而言,基本上分为新世界及旧世界两种。新世界代表的是由欧洲向外开发后的酒,如澳大利亚、美国、新西兰、智利及阿根廷等葡萄酒新兴国家。而旧世界代表则是有百年以上酿酒历史的欧洲国家为主,如法国、德国、意大利、西班牙和葡萄牙等国家。除此之外,新、旧世界的根本差别在于:新世界的葡萄酒倾向于工业化生产,而旧世界的葡萄酒更倾向于手工酿制。手工酿出来的酒是一个手工艺人劳动的结晶,而工业产品是工艺流程的产物,是一个被大量复制的标准化产品。

相比之下,欧洲种植葡萄的传统更加悠久,绝大多数葡萄栽培和酿酒技术都诞生在欧洲。

2. 中国葡萄酒的发展

葡萄,我国古代曾叫"蒲陶""蒲萄""蒲桃""葡桃"等,葡萄酒则相应地叫作"蒲陶酒"等。此外,在古汉语中,"葡萄"也可以指"葡萄酒"。关于"葡萄"两个字的来历,李时珍在《本草纲目》中写道:"葡萄,《汉书》作蒲桃,可造酒,人酺饮之,则酶然而醉,故有是名。""酺"是聚饮的意思,"酶"是大醉的样子。按李时珍的说法,葡萄之所以称为葡萄,是因为这种水果酿成的酒能使人饮后酶然而醉,故借"酺"与"酶"两字,叫作葡萄。

我国最早有关葡萄的文字记载见于《诗经》。

《诗·周南·蓼木》:"南有蓼木,葛藟累之;乐只君子,福履绥之。"

《诗·王风·葛藟》:"绵绵葛藟,在河之浒。终远兄弟,谓他人父。谓他人父,亦莫我顾。"

《诗·豳风·七月》:"六月食郁及薁,七月亨葵及菽。八月剥枣,十月获稻,为此春酒,以介眉寿。"

从以上三首诗可以得知,在《诗经》所反映的殷商时代(公元前17世纪初—约公元前11世纪),人们就已经知道采集并食用各种野葡萄了。

根据我国史料记载,人类采食野生葡萄早在旧石器时代就已经开始了。因为葡萄味道鲜美,人们就将没有吃完的葡萄储存起来,以备冬天食物短缺之用。入冬以后,当人们想要取出储存的葡萄来食用时,却发现它们都变成了浓浆汁。由于天寒地冻,人们只好取出葡萄浆汁来喝,一入口不但感觉芳香爽口,而且身体也渐渐温热起来。从此以后,古人们在每年秋天葡萄成熟之际,都会将葡萄摘下来储藏起来,等到冬天再享用已自然发酵的葡萄汁。

《史记·大宛列传》记载,西汉建元三年(公元前138年)张骞奉汉武帝之命出使西域,看到"宛左右以葡萄为酒,富人藏酒万余石,久者数十岁不败"。随后,"汉使取其实来,于是天子始种苜蓿、蒲陶,肥饶地……"可知西汉中期,中原地区的农民已得知葡萄可以酿酒,并将欧亚种葡萄引进中原了。他们在引进葡萄的同时,还招来了酿酒艺人,自西汉始,中国有了会西方制法的葡萄酒人。

三国时期的魏文帝曹丕说过:"且说葡萄,醉酒宿醒。掩露而食;甘而不捐,脆而不辞,冷而不寒,味长汁多,除烦解渴。又酿以为酒,甘于曲糵,善醉而易醒……",这已对葡萄和葡萄酒的特性认识得非常清楚了。只是葡萄酒仅限于在贵族中饮用,平民百姓是绝无此口福的。

唐朝贞观十四年(公元640年),唐太宗命交河道行军大总管侯君集率兵平定高昌。高昌历来盛产葡萄,在南北朝时,就向梁朝进贡葡萄。《班府元龟卷970》记载"及破高昌收马乳蒲桃,实於苑中种之,并得其酒法,帝自损益造酒成,凡有八色,芳辛酷烈,既颁赐群臣,京师始识其味"。即唐朝破了高昌国后,收集到马乳葡萄放到院中,并且得到了酿酒的技术,唐太宗把技术资料做了修改后酿出了芳香酷烈的葡萄酒,和大臣们共同品尝。这是史书第一次明确记载内地用西域传来的方法酿造葡萄酒的档案,长安城东至曲江一带,俱有胡姬侍酒之肆,出售西域特产葡萄酒。

元朝统治者对葡萄酒非常喜爱,规定祭祀太庙必须用葡萄酒,并在山西的太原、江苏的南京开辟葡萄园,并在宫中建造葡萄酒室。

1892年爱国华侨张弼士先生在山东烟台建立张裕葡萄酿酒公司。1915年,张弼士率领"中国实业考察团"赴美国考察,适逢旧金山各界盛会,庆祝巴拿马运河开通,举办国际商品大赛。张就把随身携带的"可雅白兰地""玫瑰香红葡萄酒""琼瑶浆"等送去展览和评比,均获得优胜。后来,"可雅白兰地"改为"金奖白兰地",一直沿用至今。

二、酿酒葡萄的种植条件

葡萄树适应环境的能力很强,容易生长,但是要种出品质佳且风味独特的酿酒葡萄,却需要多种自然条件的配合。影响葡萄生长的天然条件配合当地的葡萄酒传统,就形成了所谓的"风土条件"(Terroir),意思是一个特定范围的地区因为其特殊的自然环境和历史传统,可以生产出独特风格的葡萄酒,具有其他地方无法模仿的特色。欧洲"法定产区葡萄酒"(Appellation)就是由"Terroir"确定了不同产区的葡萄酒风味与精神。

1.气候的影响

温和的温带气候适合种植葡萄树。寒带气候太冷,果实无法成熟,而且葡萄树在寒冷的冬季容易冻死。相反,热带气候则过于炎热潮湿,葡萄易遭病虫害,而且成熟较快,糖分高,酿成的酒平淡无味。另外,葡萄树需要低温冬眠才能自然发芽,在热带不易种植。因此,全球大部分葡萄园都集中于南北纬38度到53度的温带气候区。

2.阳光

葡萄需要充足的阳光,通过阳光、二氧化碳和水三者的光合作用所产生的碳水化合物,提供了葡萄生长所需要的养分,同时也是葡萄中糖分的来源。不过葡萄树并不需要强烈的阳光,稍弱的光线更适合光合作用的进行。阳光可提高葡萄和表层土的温度,使葡萄容易成熟。经阳光照射的葡萄皮的颜色加深,但阳光太强却会灼伤葡萄。

3.温度

适宜的温度是葡萄生长的重要因素。葡萄树的叶苞需要10℃以上气温才能发芽,但发芽之后,低于 -4℃的春霜即可冻死初生的嫩芽。枝叶的成长也需要合适的温度,以22℃~25℃最佳,过冷或过热都会使葡萄生长的速度变慢。在葡萄成熟的季节,适度的高温会使葡萄的糖分增加,酸味减少,较高的温度也有助于红色素、单宁等酚类物质(Phenol)的增加。不过,温度过高加上干旱,葡萄反而会停止成熟。日夜温差越大,会使葡萄皮内的单宁和红色素越多。葡萄在冬季需进入0℃以下的冬眠期,才能在隔年正常发芽,但是 -15℃以下的低温则会冻死叶苞和根。

4. 水分

水对葡萄的影响相当多元,它是光合作用的主要因素,同时也是葡萄根自土中吸取矿物质的媒介。葡萄树的耐旱性强,在其他作物无法生长的干燥贫瘠的土地上也能生长。葡萄枝叶成长的阶段需水较多,成熟期则要保持干燥,以免吸收太多水分而降低甜度,多雨造成的潮湿环境也会使葡萄容易感染病菌。水分的多寡和降雨量有关,但地下地层的排水性和保水性也会影响葡萄对水分的摄取。

5. 土质

葡萄园的土质对葡萄酒的特色及品质有着重要的影响。葡萄树不需太多的养分,贫瘠的土地反而适合葡萄的种植,肥沃的土地徒使葡萄树枝叶茂盛,却无法生产优质葡萄。土质的排水性、酸度,地下土层的深度以及土中所含的矿物质种类,甚至表土颜色等,都会深深地影响葡萄酒的品质和风味。

土质对葡萄酒的影响相当复杂,欧洲的葡萄酒产国格外注意土质,葡萄园的分级都将土质列为重要评判标准。在产区范围广阔、土壤同质性高的地区,土质的结构较不受重视,反而较注重区域性气候的影响。

葡萄园中常见的土质种类如下:

(1)白垩(Chalk)

一种石灰石,疏松多孔,具有双重的品质,同时提供良好的排水能力和水分保持能力。最著名的白垩葡萄园在法国的东部香槟地区。这种土壤在雨季可以吸收水分,雨季结束后则会逐渐变干,形成一个干燥的硬壳,为葡萄反射阳光。西班牙南部地区赫雷斯的土壤的价值在于它极高的白垩质土壤含量。在这个酷热、干旱的地区,冬季土壤吸收和储存水的能力是非常重要的,因为在夏季的几个月里降雨非常少。

(2)沙地(Sand)

特点是抗虫害。沙地属于颗粒石英,来自硅质岩的分解。这种疏松类型土壤,显然很难储存水分及养分,但不难于耕种。暖性、透气、排水性佳,所以比较受宠,尤其对于葡萄根瘤蚜虫有不错的抗虫害作用。里斯本北部沿海地区的 Colares(葡萄牙的科拉里什)以其沙土著称于世。

（3）黏土（Clay）

特点是排水不好，但因此能较好地保持水分。在一些地区，黏土的价值在于它扮演的底土①角色的葡萄园，例如在波尔多波美侯酒区。然而，冬天黏土升温缓慢，延缓了葡萄树的生长。

黏土会稍微降低葡萄酒的芬芳度，但能提供更好的酒质架构，例如可以帮助梅洛（Merlot）葡萄提早成熟，并且让其酿成酒的结构性和酒质更充实。

（4）石灰岩（Limestone）

石灰岩质地坚硬，使得葡萄根必须寻找裂缝才能向下延伸去寻求水源；石灰岩本身属于碱性的岩石，所以会使葡萄的酸度增加。许多属于石灰石土壤的地方，特别适合霞多丽（Chardonnay）葡萄的成长，尤其在凉爽地区优势比较明显，如勃艮第的上等佳酿在这里受益。

（5）花岗岩（Moorstone）

花岗岩属于硬结晶岩，有丰富的矿物质，升温迅速，保温良好。花岗质土壤排水性能好，土壤不够肥沃。有独特风格的 Beaujolais Crus 就是得益于花岗质土壤。

（6）片岩（Schist）

片岩是粗糙纹理的结晶岩，易于分裂成薄片。保温良好，是葡萄酒生产的理想土壤，如来自葡萄牙斗罗山谷的波特酒。

（7）板岩（Slate）

板岩是一种由黏土、页岩等物质形成的坚硬、深色板状岩石。它的优点是保持水分、升温迅速，而且能保持热量，在夜间释放给葡萄。在 Mosel-Saar-Ruwer（摩泽-萨文-卢汶）地区发现的蓝色德文郡板岩有助于该地葡萄酒保持原味。

总的来说，葡萄种植需要贫瘠的土壤——越是在贫瘠之地奋力求生的葡萄，越能生成好风味；葡萄种植需要土壤的排水性要好——根部越深吸取的风味物质就越多，酿出的酒风味就越复杂；葡萄种植需要足够的深度——土壤越深，矿物质越多，对葡萄越好。

三、酿造葡萄酒的主要葡萄品种及特性

葡萄品种很多，全世界有 8000 多种，我国现有 700 多种。葡萄品种分类方法也各不相同，如按颜色分类、按成熟早晚分类、按种群分类、按功用分类，等等。葡萄主要用于鲜食和酿酒，一般鲜食葡萄占 10%，制干葡萄占 5%，酿酒葡萄占 85%，其中酿酒葡萄分为红葡萄品种和白葡萄品种。

---

① 一般位于土层表面 50～60 厘米以下的深度。受地表气候的影响很少，同时也比较紧实，物质转化较为缓慢，可供利用的营养物质较少。一般也把这一层的土壤称为生土或死土。

1. 红葡萄品种

（1）Cabernet Sauvignon（赤霞珠，卡柏纳，苏维翁，解百纳，加本力苏维翁）

特性：黑醋栗、柏木、薄荷、巧克力、烟草香味，深紫色，高单宁，适合长期储藏以使口感变得柔顺。

（2）Cabernet Franc（品霞珠，卡柏纳，佛朗）

特性：巧克力、黑醋栗、青椒、覆盆子的气味。

（3）Merlot（梅洛，梅鹿，美乐）

特性：玫瑰、梅子、辛烈香味，深红色，低单宁，简单直接，由于易被大众接受，又称新手酒。丝绸般的质感，入口圆润，也常与其他葡萄勾兑以降低刺激，增加圆润感。

（4）Gamay（佳美，加美，甘美）

特性：清新、草莓、樱桃气味，紫色，单宁很低，酸度较高，不能长期贮藏，主要产于法国，其鲜亮活泼的性格像未涉世事的小姑娘。

（5）Pinot Noir（黑皮诺，黑品诺，比诺罗拉）

特性：红莓、玫瑰、紫罗兰、野生动物气味，又有湿土、蘑菇和巧克力的味道，颜色较浅，低单宁，酒体轻，结构复杂，气质优雅，有淑女风范。

（6）Syrah（Shiraz）（西拉，切拉子）

特性：烟熏、黑莓、胡椒、紫罗兰、薄荷、干枣、咖啡等香气，深色，高单宁，酒体重，性格粗糙，像葡萄酒中的牛仔，豪迈粗犷。

（7）Barbera（芭贝勒，芭芭拉，芭比拉）

特性：李子、樱桃、香甜香草味。

（8）Nebbiolo（纳比奥奴）

特性：玫瑰、黑松露、烟熏、巧克力、甘草、丁香花、皮革的味道，高酸度，重单宁，较刺激，因而窖藏多年的酒个性极强。

（9）Sangiovese（Sangioveto）（圣治奥森，圣治爱华斯）

特性：樱桃、李子、香草、茶、泥土的芳香，单宁好，较接近黑品乐，极像酒中的少妇，成熟而妩媚。

（10）Pinotage（皮诺特，比诺特）

特性：李子、黑莓、焗香蕉及烧焦橡胶味。

（11）Tempranillo（丹瑰，特班依奴，他班尼路）

特性：草莓、香草、甘草、烟叶味。

（12）Zinfandel（仙芬黛）

特性：樱桃、红莓、香料、黑莓、覆盆子香气，酒体重，单宁高，酒精度高，开放、热烈，犹如来自亚热带海边的风情。

2. 白葡萄品种

（1）Chardonnay（莎当妮，霞当妮，霞多丽）

特性：西柚、菠萝、青苹果、牛油、柠檬的香气，入口滑腻，后味长，酒体满，有时会觉得口味呆滞，无个性；有时像美丽的少女，自信、高傲，易讨人喜欢，但易受伤害，绝对贵族风范。

（2）Pinot Gris（灰皮诺，灰品诺）

特性：香料、烟熏味道。

（3）Sauvignon Blanc（白苏维翁，长相思）

特性：青草、烟熏、柠檬、绿茶、西柚味道，又称猫尿味道。

（4）Semillon（赛蜜蓉，赛美蓉）

特性：青柠、蜜糖、橙皮果酱、苹果味道，常与其他葡萄混合酿造，是常相思的老搭档。

（5）Riesling（薏丝琳，雷司令，依斯琳）

特性：蜂蜜、苹果、青柠、蜜桃味道，酸度高，酒精低，酒体轻，有桃、杏、西瓜的清香，又有特殊的矿物质特性，像山泉抚摸石头的感觉，高贵、清爽，是酒中的谦谦君子。

（6）Viognier（维欧尼，维奥利亚）

特性：水蜜桃、香料、茉莉花、杏的味道。

（7）Chenin Blanc（自千宁，白仙浓）

特性：蜂蜜、苹果、杏仁、蜜桃味道，极适合做冰酒的葡萄，会有不同程度的甜度。需要有足够的耐心，细细品味。

（8）Gewürztraminer（琼瑶浆，特浓查曼娜）

特性：荔枝、水蜜桃、香料、玉桂味道。

（9）Pinot Blanc（白品乐）

特性：口感平淡，无个性，易入口，感觉像流行乐坛的歌手，简单、大众。

四、葡萄酒的分类

1. 按酒的色泽分

- 红葡萄酒（Red Wine）
- 白葡萄酒（White Wine）
- 桃红葡萄酒（Rosé Wines）

2. 按葡萄酒的含糖量分

- 干葡萄酒（Dry Wines），含糖（以葡萄糖计）小于或等于 4.0 g/L。
- 半干葡萄酒（Semi-dry Wines），含糖在 4.0 g/L ~12.0 g/L。

- 半甜葡萄酒(Semi-sweet Wines),含糖在 12.0 g/L ~45.0 g/L。
- 甜葡萄酒(Sweet Wines),含糖等于或大于 45.0 g/L。

3. 按酒中含二氧化碳分(以压力表示)

(1)无气葡萄酒(Still Wines),在 20℃时,二氧化碳压力小于 0.05 MPa 的葡萄酒。这种葡萄酒不含有自身发酵产生的二氧化碳或人工添加的二氧化碳。

(2)起泡葡萄酒(Sparkling Wines),在 20℃时,二氧化碳压力大于或等于 0.05 MPa 的葡萄酒。这种葡萄酒中所含的二氧化碳或是以葡萄酒加糖再发酵而产生的,或用人工方法压入的。

(3)高泡葡萄酒(High-sparkling Wine),在 20℃时,二氧化碳(全部发酵自然产生)压力大于 0.35 MPa(对于容量小于 250ml 的瓶子等于或大于 0.3 MPa)的气泡葡萄酒。

(4)低泡葡萄酒(Semi-sparkling Wines),在 20℃时,二氧化碳(全部发酵自然产生)压力在 0.05 MPa ~ 0.34 MPa 的气泡葡萄酒。

4. 按酿造方法分

(1)天然葡萄酒(Natural Wine),完全采用葡萄原汁发酵而成,不外加糖或酒精。

(2)强化葡萄酒(Fortified Wine),葡萄发酵后,添加白兰地或中性酒精来提高酒精含量的葡萄酒。

(3)加香葡萄酒(Aromatized Wine),在葡萄酒中加入果汁、药草、甜味剂制成。

(4)气泡葡萄酒(Sparkling Wine),包括香槟酒,以酒液中含有大量 CO_2 气体为特征。

5. 按葡萄酒酒标上有无年份分

(1)年份酒(Vintage Wine),佳酿葡萄酒。

(2)无年份酒(Ordinary Wine),普通葡萄酒。

6. 特种葡萄酒

特种葡萄酒是指鲜葡萄或者葡萄汁在采摘或者酿造工艺中使用特定方法酿制而成的葡萄酒。

(1)冰葡萄酒(Icewine):是指葡萄推迟采收,当气温低于 -7℃(有些地方规定的温度更低)时,使葡萄在树枝上保持一定时间结冰,之后在凌晨低温时进行采收,在结冰的状态下压榨而酿制的葡萄酒。世界著名的冰酒产区主要分布在加拿大、德国等地。这种类型的葡萄酒一般会标示为"Icewine"或"Eiswein"。

(2)贵腐葡萄酒(Noble Rot Wine):是指在葡萄的成熟后期,果实感染了贵腐菌,使果实的成分发生了明显的变化,用这种葡萄榨汁后酿造出的葡萄酒带有独特的风味,芬芳香甜,特别珍贵。世界著名的产区有苏玳(Sauternes)、德国、奥地利以及匈牙利的托卡伊(Tokay)。

(3)利口葡萄酒(Liqueur Wine):是指在葡萄生成酒精度为12%以上的葡萄酒中,加入白兰地、食用酒精或葡萄酒精以及葡萄汁、浓缩葡萄汁、含焦糖葡萄汁、白砂糖等物质,使得其最终产品酒精度数为15.0%～22.0%的葡萄酒。如葡萄牙的波特(Port)和西班牙的雪利(Sherry)。

(4)产膜葡萄酒(Flor or Film Wines):是指葡萄酒经过全部酒精发酵,在酒的自由表面产生一层典型的酵母膜后,可加入葡萄白兰地、葡萄酒精或食用酒精,最终产品所含酒精度大于或等于15.0%的葡萄酒。西班牙的雪利是一种典型的产膜葡萄酒。

(5)加香葡萄酒(Flavoured Wine):是指以葡萄酒为酒基,经浸泡芳香植物或者加入芳香植物的浸出液(或者馏出液)而制成的葡萄酒。人们常称之为味美思(Vermouth)。常见的品牌有"马天尼"(Martini)。

(6)葡萄汽酒(Carbonated Wine):是指物理特性与起泡葡萄酒类似,但是酒中所含的二氧化碳为部分或者全部人工添加的葡萄酒。

(7)山葡萄酒(V. amurensis Wine):是指采用新鲜山葡萄或山葡萄汁酿成的葡萄酒。山葡萄包括毛葡萄、刺葡萄、秋葡萄等野生葡萄。

(8)脱醇葡萄酒(Non-alcohol Wine):是指采用新鲜葡萄或葡萄汁进行发酵,并应用特种工艺加工而成的、酒精度为0.5%～1.0%的葡萄酒。

(9)低醇葡萄酒(Low Alcohol Wine):是指采用新鲜葡萄或葡萄汁进行发酵,并采用特种工艺加工而成的、酒精度为1.0%～7.0%的葡萄酒。

五、葡萄酒产区及酒标含义

不同国家的葡萄酒酒标所标识的内容各不相同,代表的含义也不相同。

1. 法国

(1)法国葡萄酒著名产区

①波尔多(Bordeaux)

子产区	葡萄品种	
	白葡萄	红葡萄
Medoc(梅道克,只生产红酒) Grave(格拉夫,只生产红酒和不甜白酒) St. Emilion(圣-艾美利安,只生产红酒) Pomerol(庞美洛,只生产红酒) Sauternes(苏玳,只生产甜白酒)	长相思(Sauvignon Blanc) 赛美蓉(Semillon) 密斯卡岱(Muscadelle)	品丽珠(Cabernet Franc) 赤霞珠(Cabernet Sauvignon) 梅洛(Merlot)、马贝克(Malbec) 味而多(Petit Verdot)

②罗纳河谷(Rhone Valley)

北罗纳河谷		南罗纳河谷	
白葡萄	红葡萄	白葡萄	红葡萄
马尔萨讷(Marsanne) 胡姗(Roussanne) 维奥涅尔(Viognier)	西拉(Syrah)	皮克葡(Picpoul) 布尔朗克(Bourboulenc) 克莱雷特(Clairette)	歌海娜(Garnacha) 西拉(Syrah) 慕合怀特(Mourvedre) 神索(Cinsault)

③勃艮第(Burgundy)

子产区	葡萄品种	
Chablis(夏布利,只出产白葡萄酒) Cote de Nuits(夜丘区,主要出产红酒) Cote de Beaune(伯恩丘,红白葡萄酒) Cote Chalonnaise(夏隆内丘,红白葡萄酒) Macon(马贡区,气候温和,只产白葡萄酒)	白葡萄	红葡萄
	霞多丽(Chardonnay) 阿里高特(Aligote)	黑皮诺(Pinot Noir) 佳美(Gamay)

④香槟区(Champagne)

葡萄品种:白葡萄——霞多丽(Chardonnay)

红葡萄——黑皮诺(Pinot Noir)

莫尼耶品乐(Pinot Meunier)

⑤薄若莱(Beaujolais)

葡萄品种:红葡萄——佳美(Gamay)

⑥卢瓦河谷(Loire Valley)

葡萄品种	
白葡萄	红葡萄
密斯卡得(Muscadet) 大普隆(Gros Plant) 灰品乐(Pinot Gris) 白诗南(Chenin Blanc) 霞多丽(Chardonnay) 长相思(Sauvignon Blanc) 夏瑟拉(Chasselas)	品丽珠(Cabernet Franc) 佳美(Gamay) 黑皮诺(Pinot Noir) 赤霞珠(Cabernet Sauvignon) 皮诺朵尼(Pineau d'Aunis) 马贝克(Malbec) 果若(Grolleau)

⑦阿尔斯（Alsace）

葡萄品种	
白葡萄	红葡萄
琼瑶浆（Gewurztraminer） 灰品乐（Pinot Gris） 雷司令（Riesling） 阿尔萨斯 – 麝香（Muscat d'Alsace） 西万尼（Sylvaner） 白品乐（Pinot Blanc）	黑皮诺（Pinot Noir）

⑧西南产区（South-West）

葡萄品种	
白葡萄	红葡萄
密斯卡岱（Muscadelle） 大满胜（Gros Manseng） 长相思（Sauvignon Blanc） 赛美蓉（Semillon）	品丽珠（Cabernet Franc） 赤霞珠（Cabernet Sauvignon） 梅洛（Merlot） 丹娜（Tannat） 马贝克（Malbec）

⑨普罗旺斯 – 科西嘉产区（Provence et Corse）

葡萄品种	
白葡萄	红葡萄
克莱雷特（Clairette） 侯尔（Rolle） 白玉霓（Ugni Blanc） 赛美蓉（Semillon）	赤霞珠（Cabernet Sauvignon） 歌海娜（Garnacha） 西拉（Syrah） 慕合怀特（Mourvedre） 神索（Cinsault） 堤布宏（Tibouren） 佳利酿（Carignan）

⑩Languedoc-Roussillon(朗格多克－鲁西荣)

葡萄品种	
白葡萄	红葡萄
霞多丽(Chardonnay) 长相思(Sauvignon Blanc) 马家婆(Macabeo) 莫札克(Mauzac) 白诗南(Chenin Blanc)	歌海娜(Garnacha) 西拉(Syrah) 慕合怀特(Mourvedre) 神索(Cinsault) 赤霞珠(Cabernet Sauvignon) 佳利酿(Carignan)

(2)法国葡萄酒的等级

①法定产区葡萄酒 Appellation d'Origine Controlee 级别,简称 AOC,是法国葡萄酒最高级别(2009 年 8 月改为 Appellation d'Origine Protégée 级别,简称 AOP)。由于 AOC 标准更为严格,故此处着重对其进行阐释。

——AOC 法文意思为"原产地控制命名"。

——原产地地区的葡萄品种、种植数量、酿造过程、酒精含量等都要得到专家认证。

——只能用原产地种植的葡萄酿制,绝对不可和其他产地葡萄汁勾兑。

——AOC 产量大约占法国葡萄酒总产量的 35%。

——酒瓶标签标示为 Appellation + 产区名 + Controlee。

在这个等级中,产区名标明的产地越小,酒质越好。例如,波尔多(Bordeaux)大产区下面可细分为 Medoc 次产区、Grave 次产区等,而 Medoc 次产区内部又有很多村庄,如 Margaux 村庄,Margaux 村庄内有包含几个城堡(法文 Chateau),如 Chateau Lascombes。

最低级的是大产区名 AOC:例如 Appellation + 波尔多产区 + Controlee;次低级的是次产区名 AOC:例如 Appellation + Medoc 次产区 + Controlee;较高级的是村庄名 AOC:例如 Appellation + Margaux 村庄 + Controlee;最高级的是城堡名 AOC:例如 Appellation + Chateau Lascombes 城堡 + Controlee。

在波尔多,除了 AOC 制度外,还有一个针对酒庄的分级制度(即 1855 年波尔多红葡萄酒分级制度)。顶级酒庄(Grand Cru Classe)分为 5 个等级:一等酒庄(First Growths, Premier Grand Cru Classe 或 Premiers Crus);二等酒庄(Second Growths 或 Deuxiemes Crus);三等酒庄(Third Growths 或 Troisiemes Crus);四等酒庄(Fourth Growths 或 Quatriemes Crus);五等酒庄(Fifth Growths 或 Cinquiemes Crus)。除了梅道克(Medoc)地区的酒庄之外,1855 年分级也把巴萨(Barssac)和苏玳(Sauternes)地区备受推崇的甜白葡萄酒分成三级,即 1855 年波尔多甜白葡萄酒

分级制度:超级一等酒庄(Premier Cru Superienr);一等酒庄(Premier Crus Classe);二等酒庄(Denxiemes Crus)。

②优良地区餐酒(Vin Delimites de Qualite Superieure)级别,简称 VDQS。2011年底废除。

——普通地区餐酒向 AOC 级别过渡所必须经历的级别。如果在 VDQS 时期酒质表现良好,则会升级为 AOC。

——产量只占法国葡萄酒总产量的2%。

——酒瓶标签标示为 Appellation + 产区名 + Qualite Superieure。

③地区餐酒 Vin De Pays(英文意思 Wine of Country),2009 年 8 月改为(Indication Géographique Protégée)级别,简称 IGP。

——日常餐酒中最好的酒被升级为地区餐酒。

——地区餐酒的标签上可以标明产区。

——可以用标明产区内的葡萄汁勾兑,但仅限于该产区内的葡萄。

——产量约占法国葡萄酒总产量的15%。

——酒瓶标签标示为 Vin de Pays + 产区名。

——法国绝大部分的地区餐酒产自南部地中海沿岸。

④日常餐酒 Vin De Table(英文为 Wine of the Table),2009 年改为(Vin De France)级别,简称 VDF,属于无 IG 的葡萄酒,是酒标上没产区提示的葡萄酒(Vin sans Indication Géographique)。

——是最低档的葡萄酒,作日常饮用。

——可以由不同地区的葡萄汁勾兑而成,如果葡萄汁限于法国各产区,可称法国日常餐酒。

——不得用欧共体外国家的葡萄汁。

——产量约占法国葡萄酒总产量的38%。

——酒瓶标签标示为 Vin de Table。

(3)装瓶信息(Mis En Bouteille 装瓶方式与品质的关系)

在法国,Mis En Bouteille 往往被印在整个标签偏下方,也有极少部分用红印方式把整行字印在标签上,它是为了向消费者交代这瓶葡萄酒最后是在哪里装瓶的。只要不是冒牌的法国葡萄酒,它的描述必定属实。

"装瓶信息"的具体内容:

①Mis En Bouteille Au Chateau,酒庄酒(波尔多地区)

意思是:"在城堡内装瓶"。这里所说的城堡就是指标签上注明的酒庄名。有些酒庄,特别是波尔多地区的酒庄,习惯用 Chateau(城堡)这个词来命名。城堡内装瓶的内在含义是一瓶葡萄酒由酿酒人自己一手采摘、酿造、调制并装瓶,这样的酒风格和品质一定更纯正。

②Mis En Bouteille Au Domaine,酒庄酒(勃艮第地区)

意思是:"在某某产区内装瓶"。这里所说的产区(Domaine),是最小范围的局限,即某某酒庄。酒庄的命名习惯不只"城堡"一种,另一种就是"产区"(Domaine)。其内在含义完全等同于城堡。所以,注明 Mis En Bouteille Au Domaine De 某某的葡萄酒,其品质风格一般较纯正,和城堡内装瓶一样。

③Mis En Bouteille A La Propriete,酒商酒

对应的法语是"Vin De Negoce",通常指葡萄酒贸易公司从葡萄种植者或酒庄处收购散酒(根据法律,只有香槟酒商可以直接收购"葡萄串",其他酒商都只能采购装在"大罐"里的基酒或葡萄汁)来自己调配、装瓶,自己设计品牌进行销售的葡萄酒。如,拉菲集团下的拉菲传奇(Lafite Legende)就是酒商酒。还有著名的大酒商公司卡斯特,尽管也拥有酒庄,但也是以酒商酒为主。

意思是:"由业主装瓶",即所有者。由于一些酒庄把产权卖给了某些控股公司或部分合伙,所以酒庄实质上属于该公司产权所有。一切法律责任全由公司负责,所以该酒即便是在一个酒庄内装瓶,它也只描述成由该公司装瓶,而不是酒庄。

④Mis En Boutaiile Par...,装瓶酒

意思是"由……装瓶",这样的葡萄酒,其产地和风味不受法律约束。可以是任何地方、任何人酿造的任何葡萄酒,任何拥有者都可以装瓶出售。

⑤OEM(Original Equipment Manufacturer,贴牌生产),贴牌酒

贴牌酒并非假酒,而是一种常见的代工形式——由生产厂商按商标持有者的需求与授权,代为生产产品。在葡萄酒贸易里,这表现为酒厂按购买方的要求酿酒,再贴上购买方设计的酒标。如今在全世界各个知名产区,都有不少大型酒厂从事专业的贴牌生产,当然这种形式是对于法律制度比较严格的国家而言的。OEM酒在进口上也属于原瓶进口酒。

贴牌酒很多也是属于酒商酒,瓶上也会标 Mis En Bouteille A La Propriete 字样。

(4)看瓶识产区(图2-1)

朗格多克　　隆河　　阿尔萨斯　　波尔多　　汝拉

卢瓦尔河　　　普罗旺斯　　　香槟　　　西南产区　　　勃艮第

图 2-1　酒瓶对应的产区

　　①波尔多产区:直身瓶型,类似中国的酱油瓶形状。这是波尔多酒区的法定瓶型,在法国只有波尔多酒区的葡萄酒有权利使用这种瓶型。

　　②勃艮第产区:略带流线的直身瓶型。

　　③罗讷河谷产区:略带流线的直身瓶型,比勃艮第产区的矮粗。

　　④香槟产区:香槟酒专用瓶型。

　　⑤阿尔萨斯产区:细长瓶型,是法国阿尔萨斯酒区的特有瓶型。

　　⑥朗格多克鲁西荣产区:矮粗瓶型。

　　⑦普罗旺斯产区:细高瓶型,颈部多一个圆环。

　　⑧卢瓦河谷产区:细长瓶型,近似阿尔萨斯瓶型。

　　(5)"高品质酒"的标识

　　①Grand Cru

　　"Grand Cru"在法语里代表的是一个有名的"地方",可能是一块种植了优质葡萄的葡萄园,也可能是一家酿造好酒的酒庄。在波尔多、勃艮第、阿尔萨斯等地区都会使用,其中在波尔多是一种分级制度,就是我们说的列级名庄,在勃艮第和阿尔萨斯,"Grand Cru"指的是一块被认可为特级的单一葡萄园。虽然有差别,但是在法国严格的命名制度控制之下,能写上"Grand Cru"的都会被认为品质比较稳定、优秀。

　　②Premier Cru

　　这个词多出现在勃艮第地区的葡萄酒中,指一级葡萄酒园。一般情况下,一级园葡萄酒虽不及 Grand Cru 级别,但比村庄级葡萄酒口感更复杂,陈年潜力更好,品质更加优异。

　　③Grand Vin

　　波尔多的酒标上常见"Grand Vin"标识,这是指酒庄的主打酒款。一个酒庄每年都会生产不同的酒款,而"Grand Vin"则表示该酒款是酒庄挑选最好年份中的上好葡萄果实酿造而成的葡萄酒。不过,Grand Vin 不具有法律效力,也不受法律约束,直白地说只是酒庄自己认为这款酒比较优质,能够代表酒庄的水平而已。当然,正常情况下酒庄也不会拿自己名声来开玩笑,所以 Grand Vin 还是具有一定参考价值的。

④Cru Bourgeois

意思为中产阶级酒,我们常称之为中级庄。今天这个级别的酒被认为是介乎列级名庄与普通 AOC 酒之间的酒。Cru Bourgeois 的说法最早由波尔多五大酒商于 1932 年提出,它不是分级系统,而是质量甄选程序,因此选出的酒庄没有级别的区分,但直到 2009 年 10 月法国政府才颁布法令批准"中级名庄"称号。近几年来,越来越多的人把造访中级名庄看作寻宝之旅,因为中级庄常常是高性价比好酒的代名词,中级庄中常有"潜龙伏虎"、质量好而价钱合理的好酒。

⑤Vieilles Vignes

法国葡萄酒老藤葡萄的法定标志。

附:波尔多 1855 年列级酒庄译名对照表

第一级列级酒庄

1. Chateau Lafite-Rothschild	拉菲酒庄
2. Chateau Latour	拉图酒庄
3. Chateau Margaux	玛歌酒庄
4. Chateau Mouton-Rothschild	木桐酒庄(武当)
5. Chateau Haut-Brion	奥比昂酒庄(侯伯王)

第二级列级酒庄

1. Chateau Rauzan-Gassies	侯赞－塞格拉酒庄(露仙歌)
2. Chateau Rauzan-Ségla	侯赞－佳希酒庄(鲁臣世家)
3. Chateau Léoville-Poyferré	里奥威－波斐酒庄
4. Chateau Léoville Barton	里奥威·巴顿酒庄
5. Chateau Durfort-Vivens	杜夫－维旺酒庄
6. Chateau Gruaud Larose	拉露丝酒庄
7. Chateau Lascombes	力士金酒庄
8. Chateau Brane-Cantenac	帕讷－冈特纳酒庄(布朗康田)
9. Chateau Pichon-Longueville	碧尚－龙维酒庄(男爵)
10. Chateau Pichon Longueville,Comtesse de Lalande	碧尚龙维,拉朗德伯爵夫人酒庄(女爵)
11. Chateau Ducru-Beaucaillou	宝嘉龙酒庄
12. Chateau Cos d'Estournel	科·埃斯图耐尔酒庄(爱士图尔)
13. Chateau Montrose	玫瑰山酒庄

第三级列级酒庄

1. Chateau Kirwan　　　　　　　　　　麒麟酒庄

2. Chateau d'Issan　　　　　　　　　　迪仙酒庄

3. Chateau Lagrange　　　　　　　　　拉刚日酒庄(力关)(拉贡)

4. Chateau Langoa Barton　　　　　　朗歌·巴顿酒庄

5. Chateau Giscours　　　　　　　　　吉事客酒庄(美人鱼)

6. Chateau Malescot Saint-Exupéry　　马莱斯科·圣埃克苏佩里酒庄(玛乐事;马利哥)

7. Chateau Boyd-Cantenac　　　　　　波瓦-康蒂酒庄(贝卡塔纳)

8. Chateau Cantenac Brown　　　　　　康蒂·布朗酒庄(肯德布朗)

9. Chateau Palmer　　　　　　　　　　帕梅尔酒庄(宝马)

10. Chateau La Lagune　　　　　　　　拉·拉贡酒庄

11. Chateau Desmirail　　　　　　　　得世美酒庄(狄世美)

12. Chateau Calon Ségur　　　　　　　卡龙世家酒庄

13. Chateau Ferrière　　　　　　　　　费里埃酒庄(法拉利)

14. Chateau Marquis d'Alesme Becker　阿莱斯姆·贝克侯爵酒庄

第四级列级酒庄

1. Chateau Saint-Pierre　　　　　　　圣皮埃尔酒庄(圣祖利安)

2. Chateau Talbot　　　　　　　　　　大宝酒庄

3. Chateau Branaire-Ducru　　　　　　帕纳-杜克酒庄(周伯通/班尼尔)

4. Chateau Duhart-Milon　　　　　　　杜哈-米龙酒庄

5. Chateau Pouget　　　　　　　　　　宝爵酒庄

6. Chateau La Tour Carnet　　　　　　拉图佳丽酒庄

7. Chateau Lafon-Rochet　　　　　　　拉芳-罗奇酒庄

8. Chateau Beychevelle　　　　　　　　龙船酒庄

9. Chateau Prieuré-Lichine　　　　　　彼奥雷-李奇堡(荔仙庄)

10. Chateau Marquisde Terme　　　　　特美侯爵酒庄(德达侯爵)

第五级列级酒庄

1. Chateau Pontet-Canet　　　　　　　庞特-卡内酒庄(宝德嘉纳)

2. Chateau Batailley　　　　　　　　　芭塔叶酒庄(巴特利)

3. Chateau Haut-Batailley　　　　　　奥-芭塔叶酒庄(奥巴特利)

4. Chateau Grand-Puy-Lacoste　　　　拉古斯酒庄(大鳄)

5. Chateau Grand-Puy Ducasse　　　　都卡斯酒庄

6. Chateau Lynch-Bages　　　　　　　靓茨伯酒庄

7. Chateau Lynch-Moussas　　　　　　靓茨慕萨酒庄

8. Chateau Dauzac　　　　　　　　　　杜扎克酒庄

9. Chateau D'Armailhac　　　　　　　达玛雅克酒庄(单小丑)

10. Chateau du Tertre　　　　　　　　杜黛特酒庄

11. Chateau Haut-Bages Libéral　　　　奥巴里奇酒庄(自由庄园)

12. Chateau Pédesclaux　　　　　　贝德诗歌酒庄

13. Chateau Belgrave　　　　　　　百家富酒庄

14. Chateau Camensac　　　　　　　卡梦萨酒庄

15. Chateau Cos Labory　　　　　　科·拉博利酒庄(柯斯拉柏丽)

16. Chateau Clerc Milon　　　　　　米龙修士酒庄(双小丑)

17. Chateau Croizet-Bages　　　　　歌碧酒庄

18. Chateau Cantemerle　　　　　　坎特美乐酒庄(康帝美乐/佳德美)

2. 德国

(1)德国葡萄酒著名产区

①阿尔(Ahr)

②摩泽 – 萨尔 – 卢汶(Mosel-Saar-Ruwer)

③纳尔(Nahe)

④莱茵黑森(Rheinhessen)

⑤法尔茨(Pfalz)

⑥黑森山道(Hessische Bergstrasse)

⑦巴登(Baden)

⑧莱茵河中部(Mittelrhein)

⑨莱茵高(Rheingau)

⑩萨克森(Sachsen)

(2)德国葡萄酒的等级

①日常餐酒(Tafelwein):表示等级较低的葡萄酒,各种生产规定较少,类型清淡、价格便宜,相当于法国的 VDT,被当地人视为饮料酒。

②限定区域内的日常餐酒(Landwein):属于日常餐酒的一种,但是仅限于全国17 个指定产区出产的酒,酒标中会写出具体产区,品质略高于一般的日常餐酒,相当于法国的 VDP。

③指定区域内有品质的酒(Qualitatswein bestimmter Anbaugebiete),简称 QbA:这个级别的酒必须是 13 个法定产区所生产的,而且使用规定的品种,葡萄必须达到一定的成熟度。法律规定在自然环境欠佳时,可以使用加糖增酒精法来提高酒精度。

④特级品质酒(Qualitatswein mit Pradikat),简称 QmP:这是德国最高的葡萄酒等级,绝对禁止添加任何人工糖分。根据葡萄成熟度的不同,可以用来酿造六个不同甜度的酒。

A. 珍藏酒、小房酒(Kabinett):由正常成熟的品相较好的葡萄酿造而成,口味清淡。

B. 迟摘酒(Spatlese):用比正常成熟度晚一周左右采摘的而且经过挑选的葡萄酿制,酒的风味更浓。

C. 精选酒(Auslese):比 Spatlese 更晚摘,糖分含量更高而且是成串挑选的葡萄所酿造。偶有部分颗粒会感染到贵腐霉菌。

D. 颗粒精选葡萄酒(Beerenauslese):代表着罕见、昂贵的葡萄酒,用串选的葡萄酿造,通常是感染过贵腐霉菌的葡萄。

E. 冰酒(Eiswein):是在结冰的状态下采摘并酿造出的一种葡萄酒。不是所有的天气条件都可以出产这样的酒,产量非常少,十分珍贵。

F. 贵腐精选葡萄干葡萄酒(Trockenbeerenauslese):全部采用颗粒精选得出的葡萄,水分含量很低,像葡萄干一样,酿造出来的酒,是所有德国酒当中最珍贵、水准最高的葡萄酒。

所有的德国葡萄酒适合于各种机会和场合,从日常餐会、野餐到高档宴会或欢迎仪式中的迎宾饮品都可供应。

(3)德国葡萄酒酒标上的含义

①Weisswein:White wine;

②Rotwein:Red wine;

③Tlicher Wein:Rose wine;

④Sekt:Sparkling wine made in Germany;

⑤Trocken(TRAWK-uhn):Dry(干型酒,这类酒并非毫无糖分,只是含糖量极少,不太甜);

⑥Halbtrocken-Medium Dry;

⑦Classic:Selection(干型酒的标志);

⑧Süss:Sweet;

⑨Gebiet:较大的产区;

⑩Bereich:产区中较大的区域;

⑪Grosslage:集体葡萄园,隶属 Bereich;

⑫Einzellage:单个葡萄园或较优秀的葡萄园;

⑬Weissherbst:Rose wine made by dark-colored grape 黑葡萄制成的粉红酒;

⑭Schillerwein:Rose wine of red and white grapes 红白葡萄酒相混的粉红酒;

⑮Weinzergenossenschaf:Cave cooperative 酿酒合作社;

⑯Weingut:Winery 酒厂。

3.意大利

(1)意大利葡萄酒著名产区

①西北产区:皮耶蒙特(Piemonte)、伦巴第(Lombardy)、瓦莱塔奥斯塔(Valle

d'Aosta)和利古里亚(Liguria)。

②东北产区:特伦托(Alto Adige)、威尼托(Veneto)和弗留利(Friuli)。

③中部产区:托斯卡纳(Toscana)、艾米利亚 – 罗马涅(Emilia-Romagna)、马凯(Marche)、拉齐奥(Lazio)、阿布鲁佐(Abruzzi)、翁布利亚(Umbria)和莫利塞(Molise)。

④南部产区:普利亚(Puglia)、巴斯利卡塔(Basilicata)、撒丁岛(Sardegna)、西西里岛(Sicily)、卡帕尼亚(Campania)和卡拉布里亚(Calabria)。

(2)意大利葡萄酒的等级

①佐餐酒(Vino da Tavola),简称 V. D. T.

英文直译是 Wine of Table,意指此类酒是意大利人日常进餐时佐用的葡萄酒。佐餐酒在酒标(Label)上不必列出葡萄品种或产酒区名称。日常餐酒可以用来自不同地区的葡萄酒进行勾兑,但必须都是欧盟准许的地区。V. D. T. 泛指最普通品质的葡萄酒,对葡萄的产地、酿造方式等规定得不是很严格,但实际上有些酿造精美的佐餐酒,由于所用的葡萄品种或酿酒方法不符合法律规定,未能获得较高的等级,却在市场上深受消费者喜爱,售价也不低。

②典型产区酒(Indicazione Geografica Tipica),简称 I. G. T.

欧共体市场批准了意大利的这种葡萄酒与法国的 Vins De Pays(地区餐酒)和德国的 Land Wein 葡萄酒相同,规定这种葡萄酒应产于典型的特定地区和特定的健康葡萄,并把这一情况在酒标上注明。与可以用意大利任意地区的葡萄酿制的 V. D. T.(佐餐酒)所不同的是,典型产区葡萄酒 I. G. T. 要求使用限定地区采摘的葡萄的比例至少要达到85%。这一等级的葡萄酒在意大利产量较大,其中也不乏品质优秀、售价不菲的精品。

在此等级中,法国酒只有小产区出现,大产区全被纳入更高级的"法定产区"中;但在意大利,大产区如 Piemonte 或 Toscana 的酒也可在此等级中出现。换而言之,意大利的 I. G. T. 酒比法国的 V. D. P. 酒整体质量更佳。另外,有某一类的 I. G. T.,其实是最高质量的意大利酒,由于有关法例严格,意大利酒庄使用外国葡萄(如法国的 Cabernet Sauvignon)酿成的酒,品质即使很高,也不能使用更高的级别(如后面所提的 D. O. C. 或 D. O. C. G.),只能用 I. G. T. 甚至 V. D. T.。这些"名小于实"的葡萄酒多来自 Toscana(托斯卡纳,英文是 Tuscany),专家们称其为"超级托斯卡纳"(Super-Tuscan)。

③法定产区酒(Denominazione di Origine Controllata),即"控制原产地命名生产的葡萄酒",简称 D. O. C.

在指定的地区,使用指定的葡萄品种,按指定方法酿造。葡萄的产地应当遵守量化要求,葡萄到葡萄酒的产量应当在规定的数值之内;实际上,生产周期,从葡萄园到装进酒瓶,都要符合规定,按照规范行事。意大利有统一的规定,会在该等级葡萄酒的瓶颈标签上印上 D. O. C. 的标记,并写有号码。

D. O. C. 葡萄酒的生产得到确认后,葡萄种植者必须按 D. O. C. 酒法进行生产,向当地农业部门申报葡萄每公顷产量和总产量,如果这一数量超过了 D. O. C. 酒法规定的最大允许量,此葡萄不能作为 D. O. C. 酒生产,只能做为一般葡萄酒和蒸馏酒。

在意大利 D. O. C. 酒中,白葡萄酒占 41. 74%,红葡萄酒占 58. 26% 。

④保证法定产区酒(Denominazione di Origine Controllata e Garantita)即"保证控制原产地命名生产的葡萄酒",简称 D. O. C. G.

这是对 D. O. C. 酒的补充,以保证优质的 D. O. C. 葡萄酒的可靠性。它要求在指定区域内的生产者自愿地使其生产的葡萄酒达到更严格的管理标准。已批准为 D. O. C. G. 的葡萄酒,在瓶子上将带有政府的质量印记。D. O. C. G. 是意大利葡萄酒的最高级别,无论在葡萄品种、采摘、酿造、陈年的时间方式等方面都有严格管制,甚至有的还对葡萄树的树龄做出规定,而且要由专人试饮。

当葡萄酒的标签上写着"Denominazione di Orgine Controllata e Garantita"字样时,就说明除了 D. O. C. 葡萄酒的要求之外,该酒还要符合下列规定:

——进入消费的葡萄酒基本是瓶装的,在 5 升以下容量的容器里。

——每个瓶子都应该有国家的标识,实际上就是意大利的保证包装瓶的一条带子。带子是按照产量配发给装瓶生产商的,也就是说,按量产要求配发给多少条带子(而 D. O. C. 葡萄酒没有这个要求)。

——D. O. C. G. 的字样是用于特别高贵的葡萄酒,就是那些通过一系列的监督检查,给予了相应的承认的名酒。另外,葡萄酒要达到 D. O. C. G. 的档次,至少要有五年 D. O. C. 的经历。

——D. O. C. G. 葡萄酒要经过两次品尝感受的检测,以确定其品质(D. O. C. 葡萄酒是进行一次品尝感受的检测)。保证法定产区酒,简称 D. O. C. G.

这些意大利的最好产区多来自 Piemonte 及 Toscana 此两大酒区,意大利传统四大名酒各归属其下:Barolo(巴罗洛)及 Barbaresco(巴巴来思考)酒区来自 Piemonte(皮埃蒙特);Brunello di Montalcino(布尼老)及 Vino Nobile di Montepulciano(贵族红)来自 Toscana(托斯卡纳)。

意大利葡萄酒主要有以上四个等级。另外,对 D. O. C. 酒的区域分布、加糖的政策、商标等都有相应的法律。因此,可以说意大利的葡萄酒是在法律的保证下生产出来的。

（3）意大利酒标上的含义

酒标文字	含义
CLASSICO	代表该酒经典
RISERVA	代表珍藏，对于不同的产地，RISERVA 有不同的陈酿要求
VECCHIO	代表老酒，近似于 RISERVA
NOVELLO	代表新酒，当年上市的酒
SUPERIORE	代表高级酒
SPUMANTE	代表起泡酒
DOLCE	代表甜型酒
ABBOCATO	代表半干型
FRIZZANTE	代表起泡酒

4. 西班牙

（1）西班牙的著名产区

①卡瓦（Cava）

②东北产区（North East Region）

西班牙东北产区分为 Ebro and Pyrenees（埃布罗河比例牛斯）产区和 Catalunya（加泰龙尼亚）两个产区。

③西北产区（North West Region）

西北产区是西班牙重要的葡萄酒产地，包括 Galicia（加利西亚）和 Duero Valley（斗罗河谷）两个重要产区。加利西亚包括 Rias Baixas（下海湾）和 Bierzo（比左）两个子产区；斗罗河谷包括 Toro（托罗）、Rueda（卢艾达）和 Rivera del Duero（斗罗河）三个子产区。

④中部和南部（Central and South）

西班牙中部地区包括 La Mancha（拉曼恰）和 Valdepenas（瓦尔德佩纳斯）两个主要子产区。

西班牙南部产区包括 Valencia（瓦伦西亚）、Jumilla（胡米利亚）和 Yecla（耶克拉）产区。

（2）西班牙酒的等级

①普通餐酒（Vino De Mesa，VDM）

相当于法国的 V.D.T. 和意大利的 I.G.T.，使用的是非法定品种或者酿造方法的酒。

②地区餐酒(Vino De Tierra,简称 VDIT)

等同于法国的 Vin de Pays,目前大约有 40 个产区,但是只有两个比较重要,分别是 Vino de la Tierra de Castilla 和 Vino de la Tierra de Castillay Leon。

③法定产区(Denominaciones De Origen,简称 DO)

目前共有 65 个产区,这个级别和法国的 AOC 类似,对葡萄品种、产量、种植工艺、酿造工艺都有着严格的要求。西班牙大约有 3/4 的葡萄园属于这个级别。

④优质法定产区特级葡萄酒(Denominacion De Origen-Pago,简称 DO Pago)

最近生效的一个级别,指 DO 产区之外的杰出酒庄的单一葡萄园所酿造的顶级葡萄酒,目前为止有三个葡萄园入选。

⑤优质法定产区(Denominaciones De Origen Califieada,简称 Doc 或 DOCa)

最高的级别,目前为止只有两个产区,La Rioja(里奥哈)和 Priorat(普里奥拉),相当于意大利的 D. O. C. G. 。

(3)西班牙酒标上的含义

①Tinto 代表红酒;

②Bianco 代表白酒;

③Rosado 代表桃红酒;

④Seco 代表干型酒;

⑤Demi Seco 代表半干型酒;

⑥Dolce 代表甜酒;

⑦Vino De Cosscha 代表要求该酒的 85% 要使用该年份的酒;

⑧Jove 代表新酒,春天上市的;

⑨Product of Spain 代表产品于西班牙生产;

⑩Bodegas 代表酒庄;

⑪Estate Bottled 代表葡萄园灌装,指由该酒庄自己种植、自己酿造的酒;

⑫Vino Joven(年轻的酒):这些酒在装瓶之前没经过橡木熟成或极短时间地接触过橡木,在采摘后的下一年装瓶。因而相对来说,熟成的时间非常短暂;

⑬Crianza(克里安扎):红葡萄酒在出厂前至少熟成两年,其中至少有半年是在橡木桶中熟成,其他时间则在瓶中熟成,然后才可上市销售。白葡萄酒和桃红葡萄酒需要在橡木桶或瓶中熟成至少一年后才可销售。里奥哈地区也规定红葡萄酒的熟成时间至少为两年,其中至少有一年要在橡木桶中熟成,剩下的时间则在瓶中熟成;

⑭Reserva(珍藏):通常选用较好年份的葡萄所酿造出来的葡萄酒。红葡萄酒在出厂前至少熟成三年,其中有一年需要在橡木桶中。白葡萄酒和桃红葡萄酒至

少需要熟成两年,其中有半年需要在橡木桶中;

⑮Gran Reserva(特酿):仅选用最好年份的葡萄所酿造的葡萄酒。红葡萄酒在出厂前至少熟成五年,其中两年需要存放于橡木桶中。白葡萄酒和桃红葡萄酒需要熟成四年,其中至少有六个月需要在橡木桶中。

5. 澳大利亚

澳大利亚是新世界生产葡萄酒国的重要代表,目前是世界上第四大葡萄酒出口国,在世界葡萄酒产业中占据极其重要的地位。

(1)澳大利亚最重要的10个葡萄酒产区

①Barossa Valley(南澳州的巴罗萨谷)

②Coonawarra(库拉瓦拉)

③McLaren Vale(迈拉仑维尔)

④Riverland(河地)

⑤Rutherglen(维多利亚州的路斯格兰)

⑥Yarra Valley(雅拉谷)

⑦Hunter Valley(新南威尔士州的猎人谷)

⑧Riverina(滨海沿岸)

⑨Margaret River(西澳洲的玛格丽特河)

⑩Tamar Valley(塔斯马尼亚州的泰玛谷)

(2)澳大利亚葡萄酒等级

澳大利亚葡萄酒采用产地标示(Geographical Indication,GI)制度,虽然 GI 制度为官方制定,但并没有区分等级,其约束性及认定的严谨性都不及法国的 AOC 制度。唯一的限制就是,规定某款葡萄酒所采用的葡萄至少有85%来自该产区才能在酒标上标注产区的名字。澳大利亚葡萄酒产区分为三级,即地区(Zone)、区域(Region)和次区域(Sub-region),南澳州在此基础上引入了优质地区(Super Zone)概念,目前只有阿德莱德地区被定义为优质地区。阿德莱德区域包括巴罗萨(Barossa)区域和福雷里卢(Fleurieu)区域。

(3)葡萄酒的种类

AWBC(半官方的澳大利亚葡萄酒烈酒协会)按照市场表现和个性把澳大利亚葡萄酒分为4类:

①品牌之冠(Brand Champions)

品牌之冠,是澳大利亚葡萄酒类别中的发动机,是澳大利亚本土及国际市场上容易购买的主流产品。澳大利亚葡萄酒生产商从这里开始走向世界,世界各地的消费者从这里接触到澳大利亚葡萄酒。它将自身定位为"所有消费者都能承受得起"。

②新锐之星(Generation Next)

对于为了享受社交气氛、而非仅仅体验葡萄酒特质的人群来说,"新锐之星"葡萄酒可以满足他们的这一要求。而对于葡萄酒生产商来说,这将意味着不断创新、尝试新配方、种植新品种或优化营销(包装和宣传),追求卓越。以"新"抢占市场是一种战略,而"新锐之星"葡萄酒的酿酒商们仍在开拓全新品种、加大广告宣传以保持和吸引顾客。葡萄酒分销商和营销人员需要理解目标受众,挖掘吸引他们的新方式:通过新媒体、新体验和新科技。

③区域之粹(Regional Heroes)

指那些品种与产地完美结合,例如巴洛萨谷的设拉子,库拉瓦拉的赤霞珠,克莱尔谷的雷司令,玛格丽特的赤霞珠……除了品种,这些酒又是代表产区特色的,与当地风土、人文很好地结合。最后从满足这些条件的品牌里面选出符合条件的品牌。区域之粹是澳大利亚走向成功的重要力量,为澳大利亚葡萄酒的声誉和品质立下了汗马功劳。

④澳洲之巅(Landmark Australia)

是指那些能够代表澳大利亚葡萄酒最高品质、能够在世界上产生伟大影响力的品牌或酒款。我们可以简单地理解成区域之粹(Regional Heroes)的最高级别。总而言之,澳洲之巅(Landmark Australia)是集产地、品种、酿造、口感、理念、文化之大成。能够获得世界著名酒评家一致认可,具有伟大的陈年能力,丰富、优雅、有层次,同时也是市场上争相受宠的产品,是澳洲葡萄酒精神的支柱。

6. 奥地利

(1)奥地利葡萄酒著名产区

奥地利是个典型的欧洲内陆国,属于大陆性气候,其葡萄种植区还受到山脉和河流等地理因素的影响。阿尔卑斯山脉横过奥地利南部和西部,因此葡萄园主要分布在东部。美丽的多瑙河流域的产区拥有较温和的气候,而潘诺尼亚平原地区则十分温暖,有利于酿制优质的红葡萄酒。

下奥地利(Lower Austria)和布根兰(Burgenland)是奥地利两大经典产区。下奥地利又有三大知名产区,分别为瓦豪河谷(Wachau)、克雷姆斯谷(Kremstal)和坎普谷(Kamptal)。

(2)奥地利特色葡萄品种

• 白葡萄品种主要有:

绿维特利纳(Gruner Veltliner)

威尔士雷司令(Welschriesling)

雷司令(Riesling)

● 红葡萄品种主要有：

茨威格(Zweigelt)

蓝佛朗克(Blaufrankisch)

圣劳伦特(St Laurent)

（3）奥地利葡萄酒分级

奥地利葡萄酒业受德国影响较大，其葡萄酒分级命名与德国十分相似，主要依据葡萄酒的含糖量来确定。奥地利葡萄酒主要分为 5 级，分别为：

①餐酒(Tafelwein)

②地方葡萄酒(Landwein)

③优质葡萄酒(Qualitatswein)

④高级优质葡萄酒(Kabinett)

⑤特优葡萄酒(Pradikatsweine)

特优葡萄酒甜味完全来自发酵残留糖分。根据残糖量由低到高，特优葡萄酒又可以分为：

A. 晚秋佳酿(Spaetlese)

B. 精选佳酿(Auslese)

C. 浆果佳酿(Beerenauslese)

D. 顶级佳酿(Ausbruch)

E. 干浆果佳酿(Trockenbeerenauslese)

F. 冰酒(Eiswein)：酿酒葡萄采摘时已结冰。

G. 稻草酒(Strohwein)：酿酒葡萄必须在稻草或芦苇上存放三个月以上，或者是用绳挂起浆果，让其自然风干。

7. 美国

（1）美国葡萄酒的著名产区

加州是美国品质最优异、面积最大的葡萄酒产区，占据了该国西海岸 2/3 的面积，跨越 10 个纬度，地形和气候十分复杂，因此其葡萄种植区域的风土条件也丰富多样。美国很多著名的优质葡萄酒产区都集中在加州，如 Sonoma County（索诺玛县）、Napa Valley（纳帕谷）、Central Valley（中央山谷）和 Monterey County（蒙特利县）等。最大最出名的葡萄酒产地是威廉美特山谷，其他还有华盛顿、俄勒冈州等地。

（2）美国葡萄酒的等级

美国葡萄酒法律（American Viticultural Areas，简称 AVA）规定：美国共有 187 个指定葡萄种植区，以所使用的酿酒葡萄品种名命名的葡萄酒，被选作酒名的葡萄品种至少要占全部原料的 75% 以上，规定同时使用的品种名称不能超过 3 个，且还必须列出每个品种的含量。

①普通餐酒(Generic Wine):是日常饮用酒,由数种葡萄混合酿造而成。

②原装酒(Proprietary Wine):和普通餐酒一样,都属于混合酒,不同的是,原装酒必须在酿造厂内栽培与封瓶。

③优良酒(Varietal Wine):在酒标上标明使用的葡萄品种,表示至少有75%采自此种葡萄。即使是以产地为名,也有这种限制。

需要注意的是,在一些国家的酒标上会出现"Old Vine"和"Single Vineyard"。

酒标上的"Old Vine"意为"老藤""古藤",表示该款酒是采用树龄在30年至100年的葡萄树上的葡萄酿造而成的。这种葡萄果实小,能够赋予葡萄酒更凝练的口感、更浓郁的果香。一般地,老藤产果量少而质优。关于老藤葡萄酒我们之前介绍过很多了,这里就不展开细说。在美国,Old Zinfandel(老藤仙粉黛)是非常值得品尝的好酒。

酒标上的"Single Vineyard",是单一葡萄园的意思。可以理解为,酿造这款酒的葡萄只产自一个葡萄园,而并非采集了数个葡萄园的葡萄合起来酿造。这种情况多出现在法国勃艮第或者如智利、新西兰等新世界葡萄酒中。强调单一葡萄园酿造的酒,通常是强调葡萄园的风土,这个葡萄园的土壤通常是典型的、体现本地区风格的土壤。因为只有非常优异的、具有代表性的土壤,才值得去做单一葡萄园。所以,这也能一定程度上代表这个酒款非常有特色,酿酒师对这个葡萄园产出的葡萄酒非常有信心。

六、葡萄酒的服务

1. 葡萄酒的饮用温度

种类	适宜的品酒温度
甜白葡萄酒	4℃~8℃
香槟/起泡酒	6℃~8℃
清淡干白酒	8℃~10℃
浓郁干白酒	10℃~12℃
桃红葡萄酒	12℃~14℃
清淡干红酒	14℃~16℃
浓郁干红酒	16℃~18℃

酒的温度偏高,可以将酒放到冰箱冷藏室约 2 个小时,可以降温至冷藏室的设定温度;或将酒放入冰桶内约 20 分钟,可以将酒的温度降至 10 度左右。冰桶内放一半冰一半水,以增加与酒瓶的接触面积,冷冻效果最好。如果希望加快降温速度,可以在冰水中加入两勺盐,冰桶内的水尽量与酒瓶内的酒液面同高度。

如果放入冰箱冷冻室,不要将酒冻成冰,否则会伤害酒的品质,不要向酒中放入冰块,否则会稀释葡萄酒。

2. 葡萄酒的载杯

(1)葡萄酒杯杯身应该薄,无色透明,以使酒的本色能够显现出来。避免使用壁厚、有色或带有装饰花纹的杯子。

(2)葡萄酒杯口小腹大(避免使用敞口杯),状如郁金香形,使酒的香气聚集在杯口,并不易散逸,以便充分鉴赏酒香、果香。

(3)葡萄酒杯容量应足够大,以便盛酒到 2/3 时就在一定量的酒,一般八杯酒的量为一瓶酒。

(4)葡萄酒杯要有 4 ~ 5 厘米长的杯柄,以免手持杯身,影响酒温和观察酒色。

3. 葡萄酒的伺酒

(1)呼吸

为了让饮用时葡萄酒的香味更香醇,可以预先开瓶让酒透透气,呼吸一会儿。其功能是让酒稍微氧化,以去除不好闻的还原气味,同时让酒的味道变柔顺一些,特别是未到成熟期的红葡萄酒,先开瓶透气可避免喝时单宁收敛性太强。至于提早多久开瓶才适当,则依酒的种类和个人的口味偏好而定。通常以新鲜的果香为主的酒,清淡普通的红、白、新酒,以及玫瑰红酒等都无须事先开瓶,现闻现喝就可以了。甜白酒或香槟酒最好在一小时之前开瓶,让酒瓶直立透气即可。若为新酒,呼吸的时间通常在 0.5 小时 ~ 1 小时,特别是红酒会因呼吸而变得圆润柔顺,呼吸的时间也更长些,但一般不应超过 3 个小时;而陈酒则最好在使用时才开瓶,以避免提前开瓶令香气散逸,一般陈酒只需呼吸半小时。

(2)启瓶

这是一种优雅的有一定技巧的动作。胡乱去除酒瓶的封口会有损瓶颈的雅观,用不合适的开瓶器或笨拙的开瓶方法会弄坏瓶塞,使塞屑掉入酒中,因此可能损坏整瓶酒。

开瓶技巧:一般方法为侍者首先将酒给客人观看,并说出酒的产地和年份,展示面应使客人直观地看到酒的标签。开瓶工具最好是一把带木柄的螺旋钻,普通而实用的是杠杆式开瓶器,在国外称为"侍者之友";此外,还有蝴蝶型开瓶器和高档好用的两件式(带小刀、双蝴蝶翅、螺钻及其旋柄)开瓶器。

用"侍者之友"开瓶器开瓶,先用小刀从口外凸处将封口割开,除去上端部分。

接着对准中心将螺旋锥慢慢拧入软木塞,然后扣住瓶口,进而平稳地将把手缓缓拉起,将软木塞拉起;当木塞快脱离瓶口时,应用手将瓶塞轻轻拉出,这样就不会发出大的响声。整个开瓶过程中都应尽量保持安静。

此时再用餐巾擦拭瓶口,接着闻一闻,如果发现任何异味,应谨慎地品尝确定后更换。

倒酒时应先斟一些给主人品尝,主人表示满意后,再从主人的右方起,依次给客人斟酒(注意女士、长者优先),倒酒时应让每位客人都能看到酒的标签。

(3)换瓶

有时老酒的瓶身一边或瓶颈一端有沉淀物,这些沉淀含有因酒的陈化而变得不稳定的单宁和色素,这时必须换瓶。换瓶前应将酒正向直立放置一定时间。轻轻开瓶后,小心地将酒缓缓倒入另一瓶中,把沉淀物留在原瓶瓶底。换瓶也是让封闭的葡萄酒透气,或使"硬朗"的单宁柔化,改变单宁的结构,使其变得较圆、少苦涩。

(4)醒酒

所谓"醒酒",就是将葡萄酒倒入醒酒器,这样一来,老酒中的沉淀得以分离,而新酒则可以更好地呼吸,展现出最佳的风采。不过,醒酒器类型众多,除了醒酒外,还可作为一种艺术品,彰显个人品位。

常见的醒酒器(也可做滗酒器)的材质有玻璃和水晶。醒酒器形状各异,不同形状的醒酒器可以满足不同人的审美感受(如图2-2至图2-6)。

图2-2 普通醒酒器　　图2-3 U形醒酒器　　图2-4 弧形醒酒器

图2-2是最常见的,一般底部面积大,颈部窄且长,入口则宽于颈部,非常方便葡萄酒倒入倒出。

图2-3是U形醒酒器,相较前一种多了几分美感,酒液可从一口进,从另一口出。无论是倒入还是倒出,都不易洒落。

图2-4是弧形,和U形非常相似,也是一端进,另一端出。不同的是,弧形的出口处比U形多加了一部分,这样倒出酒液时就无须过多地弯曲手腕,动作也会更优雅。

图2-5　树根形醒酒器　　　　图2-6　扭曲形醒酒器

图2-5是树根形,将葡萄酒倒入树根形醒酒器后,酒液会逐渐分流,直至充满。这样一来很像红色的树根,看起来华丽而又壮观。

图2-6是扭曲形,醒酒器像一条火龙,又像一条蟒蛇,看起来弯弯曲曲,倒入葡萄酒后则有种别样的美。

(5)斟酒技巧

①某些要保持较低温度的酒,须用餐巾裹着酒瓶倒酒,以免手温使酒升温。

②酒杯总是放在客人的右边,所以倒酒也是从客人右边倒。

③为保有酒香,酒瓶口与酒杯的距离不能太大,所有的红葡萄酒倒酒时瓶口几乎是挨着杯子的。

④斟酒最多以杯容量的2/3为度,过满则难以举杯,更无法观色闻香,而且也是为了给聚集在杯口的酒香留一定的空间。一般白葡萄酒是2/3杯,红葡萄酒是1/3杯。

4.不同风格葡萄酒的配餐

(1)酒体饱满型红葡萄酒(Full Red Wines)

酒体饱满的葡萄酒通常有更多的单宁、更高的酒精含量,有黑醋栗等黑色水果口味。因为这些葡萄酒有很多色素,它们富含对心血管健康起到积极作用的花青素,适合搭配味道同样比较重的美食。

典型代表:

西拉(Syrah)

赤霞珠(Cabernet Sauvignon)

马尔贝克(Malbec)

小西拉(Petite Sirah)

内比奥罗(Nebbiolo)

丹魄(Tempranillo)

黑达沃(Nero d'Avola)

萨格兰蒂诺（Sagrantino）

侍酒温度：17℃～21℃，最好用大杯肚的葡萄酒杯侍酒。

推荐配餐：烧烤、墨西哥料理、熏肉以及蘑菇或黑胡椒风味的红肉。

（2）酒体中等型红葡萄酒（Medium Red Wines）

酒体中等型的红葡萄酒是最容易与食物搭配的葡萄酒，这种风格的典型品种是梅洛。这些品种会因为种植和酿酒地区差异而口感有很多的变化。例如，美国纳帕谷春山庄园山腰上的梅洛特点是高单宁和黑莓口味，而在意大利伦巴第大山谷中的葡萄园的梅洛就表现出低单宁和柔顺的樱桃口味。

典型代表：

圣祖维斯（Sangiovese）

仙粉黛（Zinfandel）

歌海娜（Garnacha）

梅洛（Merlot）

巴贝拉（Barbera）

品丽珠（Cabernet Franc）

超级托斯卡纳葡萄酒（Supertuscan Wines）

侍酒温度：17℃～21℃

推荐配餐：烤面筋、比萨、五香卤肉、汉堡、烤菜蔬以及由香料烹饪的料理。

（3）酒体轻盈型红葡萄酒（Light Red Wines）

这种红酒风味细腻，非常适合那些不知道该喝什么类型酒的人，因为收藏家和初学者都会很喜欢这种风格的葡萄酒。酒体轻盈型红葡萄酒特点是低单宁，高酸，低酒精度，有红色水果风味。

典型代表：

黑皮诺（Pinot Noir）

佳美（Gamay）

侍酒温度：12℃～19℃，通常用鱼形酒杯（如勃艮第杯）来品尝，以便能很好地闻香。

推荐配餐：意式菌类烩饭、酒焖仔鸡、鸡肉意面以及禽肉料理等。

（4）桃红葡萄酒（Rosé Wines）

一种间于白、红葡萄酒之间的葡萄酒，但是它们往往表现得更像白葡萄酒。通常适合冰镇后饮用，而且大多数是干型的（除了白仙芬黛）。你会发现这种风格的葡萄酒在法国南部、西班牙东部沿海和意大利等环地中海地区非常受欢迎。

典型代表：

歌海娜桃红（Garnacha Rosé）

罗讷河谷桃红（Côtes du Rhône Rosé）

普罗旺斯桃红（Provence Rosé）

圣祖维斯桃红（Sangiovese Rosé）

黑皮诺桃红（Pinot Noir Rosé）

侍酒温度：12℃～19℃

推荐配餐：炸鸡排、烤猪排、墨西哥料理、黎巴嫩料理、希腊料理以及土耳其料理等。

（5）酒体醇厚型白葡萄酒（Rich White Wines）

酒体醇厚型白葡萄酒在盲品时很容易被误认为是红葡萄酒，这是因为它们在酿造过程中会经历与红葡萄酒类似的一些处理，以达到这种醇厚口感。这意味着它们会经乳酸发酵和橡木桶陈年，伴有香草和可可味。尽管它们大部分适合在3～5年内饮用，但有部分也能陈年10年以上。

典型代表：

经橡木桶的霞多丽（Oaked Chardonnay）

赛美蓉（Sémillon）

维欧尼（Viognier）

侍酒温度：7℃～14℃

推荐配餐：螃蟹、龙虾、白酱意面、龙蒿鸡、奶油比萨、奶酪、鸡肉等禽肉等。

（6）酒体轻盈型白葡萄酒（Zesty White Wines）

这种酒口感清爽、高酸，最好在一两年内喝掉，以保证新鲜果味。

典型代表：

未经橡木桶的霞多丽（Unoaked Chardonnay）

灰皮诺（Pinot Gris/Pinot Grigio）

长相思（Sauvignon Blanc）

维蒙蒂诺（Vermentino）

侍酒温度：7℃～14℃

推荐配餐：海鲜、寿司、蔬菜沙拉、香葱沙司以及油炸类美食。

（7）甜白葡萄酒（Sweet White Wines）

甜白香气非常浓郁，高酸，按糖分可分为半甜白和甜白。几乎每一个喜欢葡萄酒的人都应该知道德国摩泽尔河的雷司令（Riesling）。

典型代表：

白诗南（Chenin Blanc）

琼瑶浆（Gewürztraminer）

麝香（Muscat Blanc）

雷司令(Riesling)

侍酒温度:7℃～14℃

推荐配餐:印度料理、泰国料理、冰激凌、奶油沙司、蓝纹奶酪等。

(8)加强酒及甜酒(Dessert Wines)

这种酒的酒精度,一般会在17%vol～20%vol以上,适合用作餐后酒。

典型代表:

波特酒(Port)

雪利酒(Sherry)

马德拉(Madeira)

晚收葡萄酒(Late Harvest Wines)

贵腐酒(Noble Rot Wines)

侍酒温度:视酒类型而定,通常用小杯子慢慢尝。

推荐配餐:焦糖、巧克力、水果派、蓝纹奶酪等。

(9)起泡酒(Sparkling Wines)

起泡酒一般有白色、桃红色和红色,香槟就是起泡酒的一种,它们通常与喜庆联系在一起。

典型代表:

香槟(Champagne)

卡瓦(Cava)

普洛塞克(Prosecco)

德国起泡酒(Sekt)

蓝布鲁斯科(Lambrusco)

侍酒温度:5℃～9℃

推荐配餐:炸薯条、辣椒、生蚝、沙拉、墨西哥玉米饼包炸鱼等。

5.葡萄酒品尝

(1)影响品酒质量的五个重要因素:单宁、果香、酸度、糖分、酒精。五种因素要保持平衡,即在口腔内的味道与口感,整体感觉愉悦、舒适、协调;甜酸平衡、单宁柔和细致、酒精没有灼热感等。

(2)葡萄酒品尝的12秒理论:混合溶液的味感在时间上的连续变化,持续时间2～3秒,甜味为主;5～12秒甜味逐渐下降;12秒及更长则是以酸、苦味为主,咸味、酸味、苦味依次逐渐上升。

(3)品鉴顺序

• 酒体轻的酒在酒体饱满的酒之前饮用

• 新酒在陈酒之前饮用

- 干型的酒在甜型酒之前饮用
- 气泡酒在其他葡萄酒之前饮用
- 白葡萄酒在红葡萄酒之前饮用

（4）品鉴四步

①看酒（Sight）

看酒包括看酒的颜色和看挂杯。

看颜色。外观分析时，要给葡萄酒提供一个白色的背景。在自然白光下，将酒杯倾斜30度，看葡萄酒颜色。这主要包括葡萄酒的颜色深度、透明度、中心色调、边缘色调和边缘色带等方面。白葡萄酒陈年时间越长，色泽越深；红葡萄陈年时间越长，色泽越浅。

A. 察"颜"观色的理想外部环境

一般来说，察看葡萄酒颜色的理想环境包括明亮的光源、白色的室内布景、适宜的温度和湿度，当然还有洁净的酒杯，等等。有了这些理想的外部条件，就能发现葡萄酒颜色上的细微差别。

B. 葡萄酒颜色内涵

- 颜色深度（Intensity of Color）

一般来说，葡萄酒颜色深浅与其酒体、风格相对应。颜色深的葡萄酒一般酒体较为厚重，风格也较为强劲，当然单宁含量也稍高。另外，对于红葡萄酒来说，葡萄酒颜色的深浅还与其酿造过程中的浸皮时间长短有关。浸皮时间越长，其颜色越深。随着浸皮时间的加长，其中富含单宁的葡萄籽和梗与酒接触的时间也更长，这也是单宁含量高的原因之一。不过，过多的单宁会让酒变得难以入口，给人尖涩的不适感觉。对于白葡萄酒而言，通过看葡萄酒颜色的深度，还可以获知其是否经过橡木桶陈酿。比如，浅黄色霞多丽葡萄酒（Chardonnay）就是未经橡木桶陈酿的，而金黄色的霞多丽葡萄酒则大多经过了橡木桶陈酿。

- 透明度（Opacity）

观察葡萄酒的透明度，可以帮助我们判断其酿酒葡萄品种和酒龄。当然，葡萄酒透明度低或者被称为浑浊，也可能是由葡萄酒装瓶前未进行过滤造成的。比如，意大利的很多酒就往往不过滤，以期维持葡萄酒丰富的质感和多变的风味。

- 中心色调（Color Core）

葡萄酒颜色主要指的是葡萄酒中心位置的色调。观察葡萄酒的中心色调，可以帮助我们预判其酒龄。那些廉价酒的中心色调一般在2～4年内就会迅速变淡，而对于那些能够陈年10～14年的上乘美酒而言，其颜色变化才刚刚开始。那些能够经过时间的考验、酒色逐渐变化的好酒，通常其口味也将随着陈酿时间的延长而变得越发迷人。

- 边缘色调(Secondary Colors)

边缘色调指的是酒杯中葡萄酒边缘的颜色,是中心色调以外的颜色。白葡萄酒一般的边缘色是绿色或是禾秆黄色,而红葡萄酒的边缘色多为橘黄、棕色、洋红或砖红色。

- 边缘色带(Rim Variation)

边缘色带指的是边缘色调的宽度。陈年越久的葡萄酒其边缘色带越宽,而边缘色带越窄也就说明该酒的酒龄越短。另外,对于红葡萄酒而言,其边缘淡淡的蓝色表明该葡萄酒的酸度较高。

红葡萄酒颜色	白葡萄酒颜色	玫瑰色葡萄酒颜色
紫红色:很年轻(少于18个月) 樱桃红(正红):不新不老,品质适宜现喝,不宜久藏(2~3年) 红色偏橙色:已经成熟,开始老化,应立即饮用(3~5年) 砖红:名贵的好酒储存多年的色泽(5~6年);普通的酒的酒质已经开始走下坡 琥珀色:陈年8~10年 红褐色:已经过期	无色:非常年轻 浅黄带绿:年轻 麦黄色:不新不老 金色:已经成熟 钢黄色:已经老化 琥珀色、黑褐色:过度氧化,超级陈年	浅粉色:年轻 鲑鱼红:年轻,已成熟,适宜饮用 粉红、带洋葱黄:十分成熟,开始老化

看挂杯。黏稠的酒体会粘在杯壁上缓缓落下,像眼泪一样。酒精度或糖度越高的葡萄酒,酒液黏性越大,落得越慢(挂杯跟酒的好坏没有关系)。

②摇酒(Swirl)

轻轻摇和杯中的酒液,目的是让酒液与杯中空气混合氧化,释放出更加浓郁的香气来。

③闻酒(Smell)

葡萄酒静止时,再将鼻子深深置入杯中深吸至少2秒,重复此动作可分辨多种气味。好的新酒,因酒龄不长,能嗅出鲜果或花的清香,如玫瑰香、苹果香、樱桃香等;好的陈酿,应当有浓香,如蜜香、榛子香、香草味等。

尽可能从三方面来分析酒的香味:强度(Intensity)——弱、适中、明显、强、特强;质地(Quality)——简单、复杂、愉悦、反感;特征(Character)——果味、骚味、植物味、矿物味、香料味。在葡萄酒的生命周期里,不同时期所呈现出来的香味也不同:初期的香味是酒本身具有的味道;第二期来自酿制过程中产生的香味,如:木味、烟熏味等;第三期则是成熟后产生的香味。整体而言,其香味和葡萄品种、酿制法、酒龄甚至土壤都有关系。

- 花香:葡萄花(随时间越来越淡)、丁香、玫瑰花(五月玫瑰、茶玫瑰)——白葡萄酒发酵剂的味。
- 果香:年轻的酒中含有果香,久存之后会变淡、消失。
- 酒香:使人忆起的不是果实的香味,而是果酱般的"甜味"。其中,白葡萄酒中有葡萄味、麝香葡萄味、柠檬味、柑子味、樱桃味、桃子味、杏味;红葡萄酒中有苹果味、梨味、覆盆子味、桑葚味、梅子味。
- 干果味:木桶中酿制的酒有荚果和桂皮的气味;黑皮诺红酒中常有黑椒的气味,陈年白葡萄酒中有肉豆蔻子味。
- 香料香味:是来自橡木桶的香味,大部分则属于葡萄酒成熟后发出来的香味。
- 蔬菜和植物气味:用未全成熟的葡萄酿制的红葡萄酒中有生的和煮熟的蔬菜气味;新酿的赤霞珠葡萄酒有辣椒气味,上等的白葡萄酒中有青草味、植物浆液的气味、苹果皮的气味、树木的气味、木桶中陈酿的橡木味,以及蘑菇和甘草的气味等;劣质的酒散发出类似葱和大蒜的气味。
- 动物性香:耐久存的红酒经长年瓶中培养,浓郁腥烈的动物性香味会开始出现。一些优质陈年的红葡萄酒中有酸奶和新鲜奶酪的气味,一般在瓶上注明"不含氧气"。尽管难闻,在很多时候只要轻晃杯中之酒,这种气味就会消失。这些气味有:汗味、脏衣服的气味。劣质酒中还有老鼠和生肉的气味。
- 熏烤烘焙香:此类香味和橡木桶在制造时熏烤程度有所关联。通常很好闻,有面包店烤面包的香味、咖啡味、巧克力味、红茶味、焦糖味、烤干果味。用熟透的葡萄酿制的白葡萄酒中,还有蜂蜜的香味。在很旧的桶中,用大量鞣酸酿制的红葡萄酒有松脂和皮革的气味;另外,还有烤木头的气味、焦味、焦木味。

其他类酒香:如焦糖、蜂蜜。

酒类	酒味
赤霞珠(Cabernet Sauvignon)	主要有黑醋栗、辣椒、胡椒和烟草味
黑皮诺(Pinot Noir)	主要有树莓、草莓、森林和烟草味
歌海娜(Garnacha)	主要有樱桃、黑莓、蓝莓和石榴味
梅洛(Merlot)	主要有黑樱桃、黑醋栗、李子和丁香味
长相思(Sauvignon Blanc)	主要有柑橘、黑醋栗、醋栗和草味
雷司令(Riesling)	主要有桃子、苹果、蜂蜜和矿物味
西拉(Syrah)	主要有李子、紫罗兰、胡椒和黑莓味

④品酒（Sip）

小酌一口,并以半漱口的方式,让酒在口中充分与空气混合且接触到口中的所有部位;此时可归纳、分析出单宁、甜度、酸度、圆润度、成熟度。

将酒杯举起,杯口放在嘴唇之间,并压住下唇,头部稍向后仰,把酒吸入口中。葡萄酒讲究一小口一小口地啜饮慢品。让酒在口中翻转,用舌头反复玩味,让酒在舌尖涌动,或用舌尖把酒包住然后在口腔里转动它,也可进行"咀嚼",让每一个味蕾都充分打开,尽情感受其味道及酸甜度。

- 葡萄酒的甜味:（舌尖若明显感触到糖分）葡萄酒中的甜味物质是构成柔和、肥硕和圆润等感官特征的要素。
- 葡萄酒的酸味:葡萄酒中的酸味是由一系列的有机酸引起的。
- 葡萄酒的涩味:红葡萄酒喝到口中有一种微微的涩感,是因为葡萄的皮和籽皆含有单宁,单宁是一种可在茶、菠菜等植物中的带苦涩味的化合物,会让口水和口腔黏膜失去润滑的效果,产生涩味。单宁主要来自葡萄皮。红葡萄酒单宁含量最高,白葡萄酒最低。红葡萄酒连皮渣一起发酵,这样才有了"涩味"。
- 葡萄酒的余味:将葡萄酒含在口中所获得的感觉是在变化的,当将葡萄酒咽下或吐掉后,口腔中的感觉并不会立即消失。因为在口腔、咽部、鼻腔中还充满着葡萄酒及其蒸汽,还有很多感觉继续存在。它逐渐降低,最后消失,这就是余味。余味的长短和舒适度因葡萄酒不同而变化。实际上,葡萄酒的余味取决于葡萄酒的质量。质量一般的酒余味很短或者根本没有余味。质量中等的酒余味可以持续几分钟,使你体会到葡萄酒的味道。而高质量的葡萄酒余味绵长,你可以感觉到千变万化的味道。正是这种感官体验才使得品尝葡萄酒令人着迷。

优质干白葡萄酒余味香而微酸、清爽;优质红葡萄酒在口中留下醇香和单宁丰满的滋味。

第二节　香槟酒

香槟一词源于法文"Champagne"的音译,是一种富含二氧化碳的起泡白葡萄酒。原产于法国香槟省,故名。香槟是将白葡萄酒装瓶后加酵母和糖,放在低温（8℃~12℃）下再发酵而制成;酒精含量13%~15%。严格地说香槟酒数葡萄酒类。

香槟（Champagne）一词,与快乐、欢笑和高兴同义。因为它是一种庆祝佳节用的酒,具有奢侈、诱惑和浪漫的色彩,也是葡萄酒中之王。香槟酒的味道醇美,适合任何场合饮用,可搭配任何食物。

一、香槟酒的起源

1. 历史

香槟是法国历史上的一个省份,那里盛产葡萄,但出产的葡萄酒品质却比较一般。在 17 世纪后半叶,香槟地区上维莱修道院有一位担任管家的修道士,名叫 D·P·佩里农(Dom Perignon),他具有丰富的化学、物理知识,还是个有天赋的品酒师。为了酿造出优质的葡萄酒,他打破了传统的酿造工艺,凭着自己超人的味觉,对多种葡萄酒进行混合和稀释,然后装入瓶中进行二次发酵。1687 年秋天,佩里农把配好的酒装瓶,塞上软木塞密封,然后放入酒窖。经过一冬的发酵,到第二年春天,酒液内产生和积蓄了大量的二氧化碳,当佩里农拿起酒瓶摇动时,二氧化碳从酒液中迅速释放,巨大的压力将瓶塞砰然冲开,乳白色的泡沫汹涌而出,酒香四溢,品尝者无不交口称赞。后来这种新型的发泡葡萄酒便以产地香槟命名了。

佩里农在研制和酿造香槟酒时也遇到过许多麻烦。其中最令他头痛的是在二次发酵时,由于产生大量二氧化碳,致使瓶内压力过大而发生酒瓶爆裂。在一段时间内,炸瓶率高达 50%,经过改进使情况有所好转,但即使在技术相当进步的今天,香槟酒厂仍然有 3% 的炸瓶损耗。

对于酿造优质香槟酒来说,第二次发酵至关重要。为了酿造质量优异的香槟酒,在香槟酒的家乡法国,至今仍在使用传统的瓶式发酵法,这叫作"香巴尼方法",就是一瓶一瓶地单独发酵。把在低温条件下储存两年多的"基础酒"中加入砂糖溶液和人工酵母,然后将酒、糖、酵母的混合原料一瓶瓶地装入香槟酒瓶中。封好口的香槟酒瓶被放入地窖里,头尾相间,水平放置。窖内保持恒温 12 至 14℃,进行缓慢低温发酵。经过 80 天左右,瓶内生成大量二氧化碳,每平方厘米有六个大气压力。香槟酒的发泡过程完成了。发酵好的香槟酒还要在贮藏室里贮存两年乃至更长时间,让瓶内的二氧化碳慢慢地、完全地溶解在酒中。完全发酵好的香槟酒又被移置于地面特制的木架上,木架成 60 度斜角,瓶底朝上,瓶口向下斜放,每天转瓶、嗑瓶一次,连续进行一个月以上,以使瓶内的沉淀物缓缓聚集于瓶塞处。然后将沉淀好的酒瓶放入水温为 5℃ 的冷水槽内降温,如此这般,一瓶优质香槟酒历时四到五年才能酿就。

虽然现代意义的香槟酒诞生的时间不算很长,但是香槟地区种植葡萄和酿酒的历史可以追溯到公元 3 世纪以前。从公元 5 世纪到文艺复兴时期,香槟地区凭借其紧靠马恩河的水路运输优势,将葡萄酒卖到罗马帝国重要的葡萄酒市场。公元 987 年,Hugh Capet 在香槟省的首府兰斯市(Reims)加冕成为法国国王,从此之后一共有 37 位法国国王在此加冕,于是兰斯成了中世纪法国的宗教和政治中心,这也让周围葡萄园的建设受益匪浅。1584 年,香槟省出现了第一家具有正规意义的酒厂——古塞(Gosset),当然那个时候酿的是普通的静态葡萄酒而非带气的香槟酒。

2. 香槟酒的美称:"酒中之王""胜利之酒""吉祥之酒"和"说服之酒"

"酒中之王":香槟酒起源于法国,在制法上,香槟酒是由优质白葡萄原酒再加糖,经过再次发酵才成为含气的、口味更为醇美的特种葡萄酒,香槟酒适合于男女老少,并适合在多种场合及时间饮用。

"胜利之酒":据说法国拿破仑年轻时与一名叫让·雷米·莫埃的同学感情很好,此人经常邀请拿破仑到他开办的酒厂畅饮香槟酒。后来每当拿破仑在出征之前也总要到那位同学处痛饮香槟酒,而且每次均大胜而归,可是在 1815 年拿破仑再次出征前,却未与那位同学告别,所带的酒也不是香槟酒而是啤酒,结果在滑铁卢惨遭失败。由此香槟酒在法国人心目中成了胜利和祈望成功的象征。

"吉祥之酒":据说国外在举行新海轮下水典礼时,总要由船主(或其代表)的夫人将一瓶香槟酒掷在船首击碎,名为"掷瓶礼"。在科学技术落后的古代,船员遇难事件甚频,每当遇难时,船上尚活着的人便只能将要说的话写在纸上,装入香槟酒瓶,封口后抛向大海任其漂流,希冀被其他船只或岸上的人发现。所以每当海上风暴骤起或航船逾时未归之际,船员的家属们便集结于岸边,祈祷、期盼亲人能平安地回家。然而残酷的事实总难以符合人们这一最基本的愿望,大家往往在绝望中仅能偶尔见到令人心碎的香槟漂流瓶。

于是便有了"掷瓶礼",祝愿海上不再有那样的漂流瓶,并使酒的醇香布满船头,驱邪消灾。所以香槟在船头摔得越碎越好,预示这艘新轮船将永远航行平安。如今,海难虽已基本杜绝,但"掷瓶"的习俗依然存在,只是演变为具有传统色彩的喜庆仪式罢了。由此可见香槟酒也是吉祥、安全的象征。

"说服之酒":在法国,用餐时,如果成年未婚男子询问成年未婚女子"饮用香槟酒吗?"则意为"你很美丽,我很喜欢你"。若相互有好感,则女子脸上会呈现出灿烂的笑容。故香槟酒可使人有"福之将至"之感。

二、香槟酒的生产工艺

1. 瓶内发酵工艺

香槟只能用瓶内二次发酵法来生产,也就是我们通常说的"香槟法"。用于酿造香槟的葡萄要先酿成静态没有气泡的白葡萄酒,然后装到瓶中添加糖汁与酵母,在瓶中进行一次小规模的发酵,这次发酵只是为了让酒产生气泡。

2. 转瓶工艺

添加入瓶中的糖汁在酵母的作用下产生酒精和二氧化碳。酒瓶是密封的,这些少量的二氧化碳就会慢慢溶解在酒中,而发酵后死去的酵母慢慢地积累在瓶子的壁上,很难排除到瓶子外面。

在 1818 年,凯歌香槟(Veuve Clicquot)的酒窖主管发明了一种方法,在二次发酵之后的陈酿过程中,将酒瓶倒立在一个带孔的"A"形支架上,每天工人要将每个酒瓶转动 1/4 圈来改变酒瓶的倾斜角度,直至将酒瓶转完 360°。

3. 换塞工艺

将酒瓶口部分冰冻,打开瓶口,瓶子里面的压力就会把冻得像果冻塞子一样的沉淀物顶出来,当然这个过程免不了损失一点点葡萄酒,还要向瓶中补回去一部分甜酒,补回去的甜酒糖度就直接决定了香槟的糖度。

三、香槟酒的产区

"香槟"这种冠名是有版权的,根据欧盟的规定,只有在法国香槟产区生产的起泡葡萄酒才能称之为"香槟酒"。在其他国家和地区(即使是在法国本土),就算是用同样的方法酿造,也不能叫作香槟,而只能叫作起泡葡萄酒(Sparkling Wine)。香槟产区是法国最早使用原产地命名控制制度的地区,并且除了地区范围的限制,法律也严格规定了从葡萄品种到葡萄产量、葡萄的剪枝、葡萄株的高度、间距、密度和最少陈年时间等一系列要求,使香槟的质量得以根本保障。

香槟区位于法国东北部,由六个小产区组成,面积约 26 000 公顷,平均年产量超过 1 亿 9 千万公升。它的土壤主要为石灰土,适合于耕种的表层土大约有 1 米厚。该地的气候比较特别,温和的大西洋暖流与严酷的大陆气流交替作用,另外还有来自周围森林的湿气,可起到降温作用。

香槟区的葡萄品种主要有三种:黑皮诺(Pinot Noir)、霞多丽(Chardonnay)和莫尼耶皮诺(Pinot Meunier)。

在法定的香槟大产区名下,可细分为 5 大法定次产区,如下:

次产区	所辖酒庄名
汉斯山次产区(Montagne de Reims)	Bouzy, Verzenay, Verzy, Ambonnay, Mailly – Champagne, Sillery
白丘次产区(Cote de Blanc)	Cramant, Avize, Oger, Le Mesnil – Sur – Orger, Chouilly
马恩河谷次产区(Vallee de la Marne)	Ay – Champagne, Mareuil – Sur – Ay
赛萨讷丘次产区(Cotede Sezanne)	Bethon, Villenauxe – la – Grande
欧布维亚次产区(Aube Vineyards)	Bar – sur – Aube, Bar – sur – Seine, les Reice

四、香槟酒的分类

1. 按颜色划分

(1)白中白(Blanc de Blancs):100%的霞多丽香槟,富有浓郁的白色花香和柑橘类香气,生长在白垩土葡萄园的霞多丽还会带有明显的矿物气息。随着陈年,白中白香槟会散发出烤面包、黄油和烤坚果的味道。

(2)黑中白(Blanc de Noirs):黑中白香槟具有馥郁的白覆盆子和苹果香气,有时还带有轻微的帕玛森奶酪味。其实,这是由黑皮诺和莫尼耶皮诺一起或单独酿造所带来的。所以,它适合在年轻高酸的状态下饮用。

(3)桃红香槟(Rosé):桃红香槟的口感和颜色都十分丰富,从干到酸,从橙色到深红,应有尽有。一些桃红香槟还伴有成熟的红色浆果味。

2. 按残余糖分划分

(1)绝干型香槟(Brut Nature 或 Brut Zero):残余糖分低于 3g/L。

(2)超干型香槟(Extra Brut 或 Ultra Brut):并不常见的香槟,它的口味非常干,残余糖分低于 0 ~ 6g/L。

(3)天然或干型香槟(Brut):大多数的香槟都是这种风格,通常在酿造时补充了 1% 的甜酒,有时候在葡萄十分成熟的年份,不需要添加甜酒也可以达到这个水准,残余糖分低于 12g/L。

(4)半干或半甜型香槟(Extra Sec/Extra Dry):残余糖分为 12g/L ~ 17g/L。

(5)甜型香槟(Sec):这种风格的香槟也不多见,酿造时补充了 1% ~ 3% 的甜酒,残余糖分为 17g/L ~ 32g/L。

(6)特甜型香槟(Demi - Sec):这种风格的香槟是肥鹅肝的好伴侣。由于添加的甜酒量达到 3% ~ 5%,残余糖分为 32g/L ~ 50g/L。

(7)绝甜型香槟(Doux):此风格香槟非常甜,也非常少,添加了 8% ~ 15% 的甜酒,残余糖分高于 50g/L。

3. 按年份划分

(1)无年份香槟(NV 或 Non - Vintage)

无年份香槟顾名思义,就是说这款酒并没有标注年份,但这里的无年份并不等同于一般无年份的葡萄酒。无年份香槟往往是各大香槟生产商的支柱产品,是最能表现厂商(Champagne House)水平的产品,每年各大生产商 80% ~ 90% 的产品均为无年份香槟。无年份香槟的调配中必须使用 15% 以上当年所产葡萄酒作为基酒(调配香槟所使用的发酵过后的葡萄汁被称为基酒),而其他部分所占比例可由厂家自行选择,而这正是无年份香槟的可贵之处。每个香槟酒厂都有自己的风格,而无年份香槟正是这种风格的完美体现。无年份香槟中的佼佼者库克香槟

（Krug），被誉为香槟界的奢侈品，每年使用多个老年份基酒混酿，使用的最老年份基酒通常要经过 6 ~ 7 年珍藏，而一个香槟厂商的储存量是十分惊人的。

（2）年份香槟（Vintage Champagne）

香槟地区规定，年份香槟所使用葡萄汁必须 100% 来自该年份，而欧盟其他地区只要求 85%。通常情况下，每家香槟厂只能将最多 80% 当年收获的葡萄用以年份香槟的生产。由单一年份所产的葡萄单独酿制的香槟，只有最佳的年份才有出产，所以品质出众，价格偏高。此外，年份香槟至少要经过 3 年陈年，其陈年时间越长，奶油和坚果味就越浓郁。

（3）顶级特酿（Prestige cuvee）

顶级特酿的发明源自俄国沙皇亚历山大二世（Tsar Alexander Ⅱ）的御用酒商路易王妃（Louis Roederer），是为了满足沙皇对高品质香槟的需要。随后顶级特酿越来越多地出现在其他厂牌香槟，可以用于年份香槟，也可以用于非年份香槟。

五、香槟酒的服务

香槟酒最佳饮用温度 4℃ ~ 8℃，在服务前需要冰镇（冰块冰镇或冰箱冷藏冰镇）。

冰块冰镇的方法：将冰桶架放在餐桌一侧，桶中放入冰块，冰块大小适中，并加一些水（一半冰，一半水），将酒瓶插入冰块中 10 分钟左右可达到效果。

冰箱冷藏冰镇的方法：需要提前将酒品放入冷藏柜中，使其缓缓降至饮用温度。

1. 开香槟的步骤

（1）左手握住瓶颈下方，瓶口向外倾斜十五度，右手将瓶口包装纸揭去，并将铁丝网套锁口处的扭缠部分松开。

（2）在右手除去网套的同时，左手拇指须适时按住即将冲出的瓶塞；然后右手以餐巾布替换左拇指，并用手掌捏住瓶塞。

（3）当瓶塞冲出的瞬间，右手迅速将瓶塞向右侧揭开。

（4）若瓶内气压不够，瓶塞无力冲出时，可用右手捏紧瓶塞不动，再用握瓶的左手将酒瓶左右旋转，直到瓶塞冲出为止。

（5）为了避免酒喷洒出来，开瓶时的响声不宜太大。

2. 香槟酒斟法

倒香槟酒时，用手握住瓶子中部，食指撑住瓶颈，以求稳妥。初往杯子里斟时，气泡会喷起来，因此要先斟少量，等气泡减少时再继续斟到大半杯为止，然后将瓶向上方扶正，以防酒漏到外面。

3.香槟酒的载杯(见图2-7)

郁金香形杯　笛形杯　碟形杯　双层玻璃香槟杯　无梗香槟杯

图2-7　香槟酒载杯

（1）郁金香杯（Tulip）

香槟酒杯，或称为郁金香杯，底部有细长握柄，上身为极深的弧状杯身。杯身细长，状似郁金香花，杯口收口小而杯肚大。它能拢住酒的香气，一般用于饮用法国香槟地区出产的香槟酒以及其他国家和地区出产的葡萄汽酒。可细饮慢啜，并能充分欣赏酒在杯中起泡的乐趣。

（2）香槟笛形杯（Flute）

香槟笛形杯的设计主要有两大特点：一是长梗，避免手的温度加热酒液；另一特点是杯口直径小、杯身窄长。窄长的杯身可以让饮用者看到气泡冉冉而升的过程；直径小的杯口能减少酒液与空气的接触面积，使气泡不至于消散得太快。杯中若有不规则的颗粒或刻痕，会让香槟酒更容易产生气泡。因此杯壁必须光滑，以免气泡产生得太快，而令香槟酒很快地失去气泡的生命力。部分品牌的香槟酒杯会在杯底刻意加上孔隙，可以让气泡有规律地在杯身中央产生。

使用笛形杯时要特别小心。在倒入香槟酒时，需倾斜杯身，让香槟酒液沿着杯壁徐徐下滑，才不会导致酒液跳动，让气泡逸散得太快。只有这样，在品尝香槟时，才能感受到香槟气泡的旺盛生命力，气泡在杯中才能更持久。

有的香槟笛形杯，在设计上更具巧思，让杯身中宽上窄，一方面可容纳更多的气味分子，另一方面窄小的杯口可以减缓气泡消散的速度。

（3）香槟碟形杯（Coupe）

可称之为香槟碟形杯或碗形杯，有着浅而开阔的大直径杯口。其设计的主要目的，是为了在欢庆或婚礼的场合，容易将香槟杯堆叠成高塔，让香槟酒液可以沿着酒杯塔流到每个杯中。此种杯型在俱乐部中，方便侍者将香槟酒送到每个客人的桌上。

（4）白葡萄酒杯（White Wine Glasses）

香槟的爱好者,有时也爱用白葡萄酒杯来品尝香槟,因为宽大的杯身、窄小的杯口设计,可以让杯中保留更多的香气分子,也因此可以品尝到香槟酒更加细腻的香氛。虽然气泡的舞动不若笛形杯美观,但对于那些香槟酒的狂热分子而言,香气更加诱人。

（5）双层玻璃香槟杯（Double Wall）

随着现代科技的发展,已设计出两层的玻璃壁,中间填入惰性气体,让外界的温度不易传导到香槟酒液中,让香槟酒可以保持较长时间的低温,同时温度低也可以延长气泡的持久度。

（6）无梗香槟杯（Stemless）

由于玻璃的隔热技术的进步,再加上设计师的巧思,香槟杯出现越来越多无梗的设计,这也让香槟的造型日渐多元而多变了。

4. 香槟品质的鉴别

凡质量优良的香槟酒,应当具备四个条件:

（1）色泽明丽。白香槟酒应为淡黄色或禾秆黄色;红香槟酒应为紫红、深红、宝石红或棕红色;桃红香槟酒应为桃红色或浅玫瑰红色。不论何种颜色的香槟酒,都应澄清透明,不能有可见的悬浮物。

（2）启塞时响声清脆、悦耳。

（3）酒倒入杯中后应有洁白的泡沫,而且泡沫不断地从杯底向上翻涌,可持续几十分钟,称之"起泡持久"。

（4）具有醇正清雅、优美和谐的果香,并具有清新、愉快、爽怡的口感。

5. 配餐

（1）绝配搭档:白中白香槟配海鲜盘

以霞多丽（Chardonnay）为唯一葡萄品种调配而成的香槟都有非常清新爽口的酸味,相当开胃。这一类型的酒如同一位年方二八的少女,天真不失情趣,柔美中略带伤感,有着娇嫩花朵的幽香,迈着富有韵律感的脚步迎面而来。

种植在矿物丰富的白垩土的霞多丽,有着属于自己的独特复杂性和质感。经过在橡木桶中沉睡的岁月,带有更多的奶油和烘烤香味、浓郁的白面包和干果味。如此富有青春活力、有着清爽口感的香槟,自然是新鲜生食沙拉和各式海鲜与水产料理的无敌搭档。而独特的质感既能让海鲜更显肥美与香甜,口感复杂多变,给人以瞬间千树万树梨花开的感觉。

（2）绝配搭档:半甜香槟配水果塔

在沙皇时代,最受欢迎的甜香槟或许不是现在最流行的香槟类型,但其香气十足且复杂,充满诱惑的白色水果香气十分明显,入口酸甜适口,口感由甜到酸、回味悠长且高雅。在香槟的微醺中,带着微酸口感的新鲜水果塔,不仅可以让味蕾如得到春雨般的滋润与清新,更增添了一分华丽感。而甜香槟正是通过它的馥郁把水果的清香与奶酪的浓烈完美融合在一起的最佳选择。

(3)绝配搭档:桃红香槟配辣子鸡丁

半干桃红香槟有比干香槟更圆润的口感和更多香甜与烧烤的气息,如同生活在凡尔赛宫里的贵妇。其不仅能配西餐,也能与中式川菜搭配。带着成熟水果、蜂蜜和可爱的玫瑰花与荔枝香气的半干桃红香槟搭配辣子鸡丁是很讨喜、很容易挑动欢乐情绪的选择。

(4)绝配搭档:混酿干香槟配法式煎烤羊排

不同葡萄的“混搭”让这类香槟在口中更为强劲有力。配合法式烤羊排,香槟中强劲的口感才不会被菜所淹没,反而能与羊排中细腻的脂肪相互融合,让肉更为鲜嫩多汁。而不同做法的羊排也让香槟呈现出不一样的特性,如同一位神秘的女郎,不同时段展现出不一样的特色。

六、香槟酒酒标上的含义

(1)NM:Negociant Manipulant,指生产商从葡萄种植者处购买全部或部分的葡萄原料,再进行生产。如果生产商使用自己种植的葡萄原料低于全部的94%,就必须在酒标上标记“NM”字样。这种酒在普通酒商生产中很常见,但是对于独立酒庄生产的香槟来说却比较少见。

(2)CM:Cooperative Manipulant,指的是葡萄种植者与某些村庄合作,使用合作社提供的设施共同生产,生产出来的香槟可以标注葡萄种植者的独立酒标,也可使用合作社的统一品牌。

(3)RM:Recoltant Manipulant,指的是葡萄种植和葡萄酒酿造均由某一酒庄独立完成,即独立酒庄香槟,其使用的自种葡萄必须超过95%。

(4)SR:Societe de Recoltants,指不同种植者联合使用共用的酿酒设备,生产其各自的葡萄酒品牌,并统一进行市场推广。

(5)MA:Marque d'Acheteur,指大型的零售商或餐厅购买成品酒,贴上自己的独立品牌再进行销售。

(6)ND:Negociant Distributeur,指经销商出售的酒,他们既不参与葡萄种植,也不参加酒的生产。

(7)RC:Recoltant Cooperateur,指葡萄种植者借用合作社的酿酒设备,生产自己品牌的葡萄酒。

第三节　啤酒

啤酒(Beer)是以麦芽、水为主要原料,加啤酒花(包括酒花制品),经酵母发酵酿制而成的、含有二氧化碳的、带气泡的、低酒精度的发酵酒。啤酒瓶上的度数不是酒精度数,是指麦汁的浓度。

啤酒是盛夏时节大众的首选饮料,除解暑开胃之外,就营养成分而言,人们还称它为"液体面包"。据统计,随着中国人可支配收入的不断增加,到2017年,中国将取代美国,成为世界上最大的啤酒消费市场。

一、啤酒的起源

1. 国外啤酒的起源

（1）苏美尔人最早酿制啤酒

古代啤酒的起源可以追溯到1万年之前的新石器时代,上古时代的苏美尔人祖先,原来是吉卜赛游牧民族,他们散居于扎格罗斯山脉。后来,苏美尔人迁徙至美索不达米亚平原,最早进入农耕社会。这一带就是今天的伊拉克、叙利亚、伊朗等阿拉伯国家所在地。

苏美尔人最早用发芽谷物酿造饮料,用水浸泡大麦放入陶坛,埋入地下,使大麦发芽再晒干,将发芽大麦磨碎制成面包,淀粉酶将淀粉转化成麦芽糖。然后将面包捏碎加水取其汁放入陶罐,天然酵母进入发酵,制成酒精饮料。苏美尔人经常进行部落战争,每当苏美尔人打了胜仗的时候,他们都要饮用这种饮料庆祝,这就是最早的啤酒。

古时期的石刻壁画,是在两河流域的苏美尔地区发现的,据考证,这幅画的年代大约是8000年前。上古石刻壁画展示了古代啤酒的酿造工艺:古人把烘烤好的面包弄碎,浸入水中产生麦芽浆,然后利用天然酵母发酵。

在大量泥板文书中,考古学家还发现了公元前3000年前苏美尔人的啤酒赞美诗:"在欢愉中啜饮啤酒,我心愉悦,我身舒畅。"另外,还有一幅壁画,描绘了苏美尔人正是怀着这样的心情举杯畅饮啤酒。

（2）古埃及人创造了啤酒的辉煌

早在公元前3000年前,非洲北部的古埃及人通过贸易往来、文化交流,当然还有战争等因素,从两河流域的苏美尔人那里学会了古代啤酒的酿造技术。古埃及人很早就能够酿造多种不同风格的啤酒。毫无疑问,啤酒无国界,啤酒是历史上最早的世界性饮料。

公元前 2000 年后,巴比伦人终结了苏美尔人在美索不达米亚平原的统治,成了新的主宰。巴比伦人同样十分喜欢饮用啤酒,也大量生产古代啤酒。他们还开展对外贸易,啤酒作为重要的商品,最先输出到其他地区。

古埃及的法老们为了永享荣华富贵,建造了一座又一座的金字塔。考古学家们发掘出几幅古埃及人酿造啤酒的石刻画,全部是法老墓中出土的。图中描述了古埃及人酿造啤酒的工艺过程。古埃及人酿造啤酒的过程大致为:大麦脱粒、发芽→捣碎麦粒→磨粉→和面→制作面包→烤面包→用水浸泡面包制作麦芽浆→过滤麦汁→发酵麦汁倒入陶罐中→用尖顶盖封住陶罐→将陶罐放入带孔的板上再发酵。

另有一幅石刻画,刻画了侍女端着两碗泡沫充盈的啤酒,奉献给美丽的皇后,皇后迫不及待地伸手迎接。可以想见,古埃及上自王侯,下至百姓,都非常喜欢啤酒。

(3)古代啤酒在中东的消亡

东罗马帝国时期,即公元 1~6 世纪,在古埃及以及两河流域一带,啤酒业依然十分发达。据文献记载,埃及的诸多城市和乡村,都有啤酒行会的组织,说明当时啤酒的生产、交易都很兴旺发达。

公元 622 年前后,穆罕默德创立了伊斯兰教,完成了他的思想和教义的代表作——《古兰经》。穆罕默德利用伊斯兰教作为强大武器,一面传教,一面组织军队,进行武力征服和统一战争,经过近百年的东讨西伐,最终将中东地区以及北非很多的国家统一起来。从而彻底推翻了东罗马帝国在这一地区的统治,建立了横跨欧亚大陆、史无前例的庞大伊斯兰帝国。从此,这一地区的人民全部皈依伊斯兰教。

穆罕默德创立的伊斯兰教对饮酒做出了严厉禁止的规定。《古兰经》中曾三次提到禁酒,若违犯教规,甚至有被处死的危险。由于宗教原因,在阿拉伯国家和所有信仰伊斯兰教的地区,啤酒这朵盛开几千年的奇葩彻底凋谢了,直至今天。

(4)世界啤酒的发展

在公元前 196 年左右,埃及已盛行啤酒酒宴。啤酒的酿造技术是由埃及通过希腊传到西欧的。1881 年,E. 汉森发明了酵母纯粹培养法,使啤酒酿造科学得到飞跃,由神秘化、经验主义走向科学化。蒸汽机的应用,以及 1874 年林德冷冻机的发明,使啤酒的工业化大生产成为现实。全世界啤酒年产量已居各种酒类之首。

2. 中国啤酒的起源

与远古时期的美索不达尼亚(Mesopotamia)和古埃及人一样,中国远古时期的醴也是用谷芽酿造的,即所谓的蘖法酿醴(《黄帝内经》中记载有醪醴)。由于时代的变迁,用谷芽酿造的醴消失了,但口味类似于醴,用酒曲酿造的甜酒却保留下来了,在古代,人们也称之为醴。因此,人们普遍认为中国自古以来就没有啤酒,但是,中国很早就掌握了蘗的制造方法,也掌握了自蘗制造饴糖的方法。

19世纪末,啤酒输入中国。1900年俄国人在哈尔滨市首先建立了乌卢布列希夫斯基啤酒厂;1901年俄国人和德国人联合建立了哈盖迈耶尔—柳切尔曼啤酒厂;1903年捷克人在哈尔滨建立了东巴伐利亚啤酒厂;同年德国人和英国人合营在青岛建立了英德啤酒公司(青岛啤酒厂前身)。中国人最早自建的啤酒厂是1904年在哈尔滨建立的东北三省啤酒厂,其次分别是1914年建立的五洲啤酒汽水厂(哈尔滨),1915年建立的北京双合盛啤酒厂,1920年建立的山东烟台醴泉啤酒厂(烟台啤酒厂前身),1935年建立的广州五羊啤酒厂(广州啤酒厂前身)。当时中国的啤酒业发展缓慢,分布不广,产量不大。1949年后,中国啤酒工业发展较快,并逐步摆脱了原料依赖进口的落后状态。

二、啤酒的主要原料

1. 水

水是啤酒的"血液",啤酒中至少含有90%的水分,水中的无机物的含量、有机物和微生物的存在会直接影响啤酒的质量。一般啤酒厂都需要建立一套酿造用水的处理系统,也有些啤酒厂采用天然高质量的水源,甚至有些采用冰川雪水来酿造啤酒。

2. 麦芽

除了水之外,麦芽是制造啤酒时比例最大的原料,甚至有不用大米或其他粮食等辅料,而全部采用麦芽来酿造啤酒的。麦芽一般用大麦制成,特殊情况下也有采用其他粮食制作的。

3. 辅料

大米,玉米。

4. 酵母

酵母是啤酒的"灵魂",自然界存在的酵母很多,但不是所有的酵母都可以用来酿造啤酒;科学家们把对啤酒发酵有利的酵母称为啤酒酵母,在啤酒生产中酵母需要经过纯粹的培养而获得。啤酒中的酒精和二氧化碳都是啤酒酵母发酵而产生的。

5. 酒花

酒花是啤酒的"心脏"。酒花属多年生草本藤蔓性植物,中国叫蛇麻花,是一味中草药。雌雄两性不同株,雌性开花即酒花。植株高达8米以上,春天发芽,秋季收获。酒花的主要成分为 α 酸、β 酸、酒花油。

1842 年,世界啤酒历史上发生了一件大事。捷克小镇比尔森的古泉酒厂,酿酒师约瑟夫发明了一种稻草黄色、有清凉透彻的视感、饱含麦芽口味和地道酒花苦味的啤酒。这种啤酒一经推出,迅速风靡欧洲,类似的仿制啤酒在世界各地如雨后春笋般涌现,统统被称作"比尔森啤酒"。

酒花的作用很多,主要有如下几个方面:

(1)酒花赋予啤酒以酒花的香味和愉快的苦味。

(2)酒花树脂中的物质和麦芽中的白蛋白、球蛋白组成复合体,产生大量的泡沫,并使之保持稳定。

(3)酒花具有开胃健脾、止泻、杀菌等药效,有镇静、催眠作用。

(4)酒花有杀菌抑菌功能,能防止啤酒腐败,能延长啤酒保质期。

(5)酒花中含有单宁,可使蛋白质沉淀,起到澄清麦汁的作用,提高啤酒非生物稳定性。

三、啤酒的酿造工艺(图 2 - 8)

小麦→浸水→发芽→取出麦芽→烘干→粉碎→加温开水→置于糖化槽→加入谷物糊状物→加温→糖化→加入蛇麻花→煮沸→取得麦汁→冷却至 5℃左右→加入酵母→低温发酵一星期左右→初胚期的生啤酒→0°以下冷藏(依不同性质啤酒决定冷藏期限)→去杂质→生啤酒

生啤酒→装入密封容器→以热水淋洗→终止发酵→熟啤酒

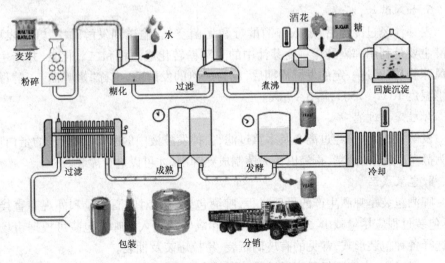

图 2 - 8　啤酒酿造工艺

1. 粉碎

大米、麦芽在进行糊化和糖化前首先经过粉碎机粉碎。粉碎虽是简单的机械过程,但粉碎程度对糖化的生化变化,对麦汁的组成成分,对麦汁的过滤速度及原料的利用率都是非常重要的。

2. 糖化、糊化

糊化:大米粉碎后,加到糊化锅中,加入温水,在一定的温度下(45 ℃),淀粉在水中溶胀、分裂,形成均匀糊状溶液,制成液化完全的醪液,再加入糖化锅中与麦芽一起糖化。

糖化:麦芽经过适当的粉碎后,加到糖化锅内,加入温水,在一定的温度下(50℃),利用麦芽本身的酶,将麦芽及大米中的淀粉水解成麦芽糖等糖类,将蛋白质分解成酵母易于发酵利用的氨基酸等营养物质,这一过程就是糖化过程。

3. 麦汁过滤

糖化结束后,将糖化醪液泵送到过滤机,把麦芽汁与麦糖分离出来,得到澄清的麦芽汁。

4. 高温煮沸,加啤酒花

麦芽汁输送到麦汁煮沸锅中,加入啤酒花并加热煮沸 1 个多小时,使麦汁的成分稳定并使酒花的香味、苦味及各种有效成分溶于麦芽汁中。

5. 澄清冷却

麦汁进入冷却器中冷却,冷却至10℃左右便接种啤酒酵母进行发酵。

6. 加入酵母,发酵

麦芽汁经过冷却后,加入啤酒酵母和无菌空气,输送到发酵罐中,开始发酵。发酵主要是利用啤酒酵母将麦芽汁中的麦芽糖转化成酒精和二氧化碳,并产生各种风味物质,经过一定的发酵周期后,成为成熟的发酵液,也称"嫩啤酒"。酵母的发酵温度10℃~25℃,需5~7天。

7. 硅藻土过滤

发酵液成熟后,经过离心及多重过滤,去掉发酵液中的酵母、大分子的蛋白质,成为晶莹、清澈的酒精,再经巴氏灭菌制成熟啤酒,才可以进行灌装。

8. 包装成品

啤酒包装是啤酒生产的最后过程,啤酒包装过程对啤酒质量和外观有直接影响,包装过程应尽量减少二氧化碳的损失和氧气的摄入。啤酒包装可根据市场需要选择各种包装形式,常见的有玻璃瓶装、易拉罐装及桶装。

一般来说,生啤酒经过高温巴氏杀毒就会变成熟啤酒,生啤酒比熟啤酒保存期限要短得多,因为没有除掉里面的杂菌很容易变质,而熟啤酒就可以长期保存,也就是我们平时市场见到的啤酒。

另外从营养成分上来说,生啤酒(鲜啤酒)会比熟啤酒更有营养,而且生啤酒的外观、气味和口感都要好于熟啤酒。生啤酒色泽更浅,澄清透明度更好,外观更亮,更美;同时,生啤酒保留了酶的活性,有利于大分子物质分解;含更丰富的氨基酸和可溶蛋白,营养更丰富。此外,啤酒中还含有多种抗氧化物质,生啤是指啤酒酿好后只在常温下进行一下膜除菌过滤,然后就被放入特制的清酒罐中以便随时取用。生啤保持了最原始的口味,并且所含的酵母菌、活性酶和人体必需的 17 种氨基酸及 10 多种维生素,仍存活在酒液中,它比熟啤更助消化,更有营养。

四、啤酒的分类

1. 根据啤酒色泽划分

(1)淡色啤酒(Light Beer),色度 2 EBC ~ 14 EBC 单位的啤酒。

淡色啤酒是各类啤酒中产量最多的一种,按色泽的深浅,淡色啤酒又可分为以下三种。

①淡黄色啤酒

此种啤酒大多采用色泽极浅、溶解度不高的麦芽为原料,糖化周期短,因此啤酒色泽浅。其口味多属淡爽型,酒花香味浓郁。

②金黄色啤酒

此种啤酒所采用的麦芽,溶解度较淡黄色啤酒略高,因此色泽呈金黄色,其产品商标上通常标注 Gold 一词,以便消费者辨认。此种啤酒口味醇和,花香味突出。

③棕黄色啤酒

此类酒采用溶解度高的麦芽,烘焙麦芽温度较高,因此麦芽色泽深,酒液黄中带棕色,实际上已接近浓色啤酒。其口味较粗重、浓稠。

(2)浓色啤酒(Dark Beer),色泽呈红棕色或红褐色,色度 15 EBC ~ 40 EBC 单位的啤酒。

(3)黑啤(Schwarbier),色泽呈深红褐色乃至黑褐色,产量较低,色度大于 41 EBC 单位的啤酒。

2. 根据啤酒杀菌处理情况划分

(1)鲜啤酒(Draught Beer),又称为"生啤"。啤酒包装后,不经过低温灭菌而销售的啤酒,它采用的是硅藻土过滤机,只能滤掉酵母菌,杂菌不能被滤掉,这种啤酒味道鲜美,但容易变质,在低温下瓶装保质期 7 天左右,桶装 3 天以上。由于这种啤酒多数以广口瓶(Jar)为计量单位进行零售,故依其英语 Jar 一词的发音称为"扎啤"。

(2)熟啤酒(Pasteurimd Beer),啤酒包装后,经过低温灭菌(也称巴氏灭菌)的啤酒,保质期一般为三个月以上,最长可达 1 年。

（3）纯生啤酒（Pure Draft Beer），经过无菌过滤（膜过滤），不经过巴氏灭菌，其口感新鲜，酒香清醇，口味柔和，保质期可达180天。纯生啤酒的生产是建立在整个酿造、过滤、包装全过程对污染微生物严格控制的基础上，其特点体现在"纯"和"生"这两个字上。

纯：啤酒是麦汁接入酵母发酵而来，一般的啤酒生产往往容易污染杂菌，影响啤酒品质。纯生啤酒通过严格的过程控制，实现了无菌酿造，杜绝了杂菌污染，保证了酵母的纯种发酵，使啤酒拥有最纯正的口感和风味。

生：发酵完经过滤的啤酒仍含有部分酵母，普通啤酒为避免灌装后酒液发酵变质，须对灌装后的酒进行巴氏杀菌处理。但啤酒在有氧的条件下进行热处理会损失部分营养物质，并对新鲜口感造成损害，破坏原有的啤酒香味，产生不愉快的"老化味"。纯生啤酒的生产不经高温杀菌，采用无菌膜过滤技术滤除酵母菌、杂菌，使啤酒避免了热损伤，保持了原有的新鲜口味。最后一道工序进行严格的无菌灌装，避免了二次污染。

3.根据原麦汁浓度划分

（1）低浓度啤酒（Small Beer），是原麦汁浓度10%（m/m）以下的浓色啤酒。

（2）中浓度啤酒（Light Beer），是原麦汁浓度10%（m/m）~13%（m/m）的啤酒。

（3）高浓度啤酒（Strong Beer），是原麦汁浓度13%（m/m）以上的啤酒。

4.根据啤酒酵母性质划分

（1）顶部发酵（上发酵）（Top Fermenting）。使用该酵母发酵的啤酒在发酵过程中，液体表面大量聚集泡沫发酵。用这种方式发酵的啤酒适合温度高的环境（15℃~20℃），装瓶后啤酒会在瓶内继续发酵。这类啤酒偏甜，酒精含量高，其代表就是各种不同的爱尔啤酒（Ale）。

（2）底部发酵（下发酵）（Bottom Fermenting）。顾名思义，该啤酒酵母在底部发酵，发酵温度要求较低，这种方式发酵的啤酒适合温度低的环境（5℃~10℃），酒精含量较低，味道偏酸。这类啤酒的代表就是国内常喝的窖藏啤酒（Larger）。

5.根据啤酒的包装容器分

（1）瓶装啤酒，国内主要为640ml和350ml两种包装；国际上还有500ml和330ml等其他规格。

（2）易拉罐装啤酒，采用铝合金材料，规格多为355ml。便于携带，但成本高。

（3）桶装啤酒，材料一般为不锈钢或塑料，容量多为30升。啤酒经瞬间高温灭菌，温度为72℃；灭菌时间为30秒。多在宾馆、饭店出现，并专门配有售酒机。由于酒桶内的压力，可以保持啤酒的卫生。

6.根据啤酒酿造过程的不同分

（1）熟啤族，此类是我们最熟悉也是市面上出售最多的啤酒，在包装上也无须另加标签说明身份。其制作过程是将麦芽浸泡至发芽,然后烘干、除根,再和白米一起粉碎处理后,经过糖化作用,再加入适量啤酒花,经过低温发酵、过滤后装瓶、装罐,然后在杀菌机内将啤酒酵母孢子杀死,就完成了熟啤酒酿造。这种杀菌的啤酒稳定性较高,颜色也较深,通常可存放 2~3 个月。

(2)生啤族,生啤族是指啤酒在酿造过程中,不经高温程序将酵母孢子杀死,也因为如此,使得生啤酒的风味较熟啤酒的风味更佳且更新鲜。但因酵母仍会持续发酵而使生啤酒口味有所改变,所以未经开过的生啤酒也只能存放 1~2 个星期,过了这个期限,生啤酒很快就会变质,到时就不能饮用了。

(3)黑啤族,顾名思义就是要将麦芽放到太阳底下先做日光浴,然后再进烤箱烘焙成黑美人,接下来的酿造过程就和其他啤酒一样了。

(4)红啤族,红啤酒的历史比较短,大约是在 1997 年才在市面上看到。这类啤酒介于熟啤酒与黑啤酒之间。做红啤酒时,麦芽烘焙的时间会比熟啤酒短一些,颜色较近于琥珀色,故名为红啤酒。

(5)冰酿啤族,由加拿大拉巴特(Labatt)公司开发。冰啤既不是冰冻后的啤酒,也不是啤酒加冰块,而是将啤酒冷却至冰点,使啤酒出现微小冰晶,然后经过过滤,将大冰晶过滤掉。通过这一步处理解决了啤酒冷浑浊和氧化浑浊问题。冰啤的酒精含量在 5.6% 以上,高者可达 10%。冰啤色泽特别清亮,口味柔和、醇厚、爽口,尤其适合年轻人饮用。

7. 新品啤酒

(1)干啤酒,80 年代末由日本朝日公司率先推出,一经推出大受欢迎。该啤酒的发酵度高,残糖低,二氧化碳含量高,故具有口味干爽、刹口力强的特点。由于糖的含量低,其属于低热量啤酒。

(2)全麦芽啤酒,遵循德国的纯粹法,原料全部采用麦芽,不添加任何辅料。生产出的啤酒成本较高,但麦芽香味突出。

(3)菠萝啤酒,后酵中加入菠萝提取物,适于妇女、老年人饮用。

(4)小麦啤酒(Weizenbier),最初产自德国,以优质的小麦芽为其主要原料(占总原料 40% 以上),采用上面发酵法或下面发酵法酿制的啤酒,生产工艺要求较高,酒的储藏期较短。酒体色泽金黄,清亮透明,泡沫洁白细腻,挂杯持久,营养丰富,苦味轻,口感淡爽,具有独特的果香味。

(5)头道麦汁啤酒,由日本麒麟啤酒公司率先推出,即利用过滤所得的麦汁直接进行发酵,而不掺入冲洗残糖的二道麦汁。该酒具有口味醇爽、后味干净的特点。目前,麒麟公司在我国珠海的厂中已经推出,名为一番榨。

(6)低(无)醇啤酒,基于消费者对健康的追求,减少酒精的摄入量所推出的新品种。美国规定酒精含量少于 2.5%(V/V)的啤酒为低醇啤酒,酒精含量少于 0.5

(V/V)的啤酒为无醇啤酒。它们的生产方法与普通啤酒的生产方法一样,但最后经过脱醇方法,将酒精分离。脱醇的方法较多,目前常用的为蒸馏方法脱醇。

(7)绿啤酒,啤酒中加入天然螺旋藻提取液,富含氨基酸和微量元素,啤酒呈绿色。国内已有生产。

(8)暖啤酒,属于啤酒的后调味。后酵中加入姜汁或枸杞,有预防感冒和暖胃的作用。

(9)白啤酒,以小麦芽为主要原料的啤酒,酒液呈白色,清凉透明,酒花香气突出,泡沫持久,适合于各种场合饮用。

(10)沙棘啤酒,啤酒中加入沙棘果汁,啤酒中有酸甜感,富含多种维生素、氨基酸。酒液清亮,泡沫洁白细腻。

(11)原浆啤酒(Puree Beer),在无菌状态下发酵,未经过高温杀菌工艺,从发酵罐中直接低温灌装的瞬间锁定新鲜度的嫩啤酒,保留了大量的活性酵母、活性物质及营养成分,富含氨基酸、蛋白质以及大量的钾、镁、铁、锌等微量元素,提高了人体的消化及吸收功能,并保持了啤酒原始的、最新鲜的口感。

8. 世界知名啤酒

(1)比尔森(Pelsen)啤酒,原产于捷克斯洛伐克,是目前世界上饮用人数最多的一种啤酒,也是世界上啤酒的主导产品。中国目前绝大多数的啤酒均为此种啤酒。它为一种下面发酵的浅色啤酒,特点为色泽浅,泡沫丰富,酒花香味浓,苦味重但不长,口味醇爽。

(2)多特蒙德啤酒(Dortmunder Beer)是一种淡色的下面发酵啤酒,原产于德国的多特蒙德。该啤酒颜色较深,苦味较轻,酒精含量较高,口味甘淡。

(3)慕尼黑啤酒(Mumich Dark Beer)是一种下面发酵的浓色啤酒,原产于德国的慕尼黑。色泽较深,有浓郁的麦芽焦香味,口味浓醇而不甜,苦味较轻。

(4)博克啤酒(Bock Beer)是一种下面发酵的烈性啤酒,棕红色,原产地也为德国。发酵度极低,有醇厚的麦芽香气,口感柔和醇厚,泡沫持久。

(5)英国棕色爱尔啤酒(English Brown Ale)是英国最畅销的爱尔啤酒。色泽呈琥珀色,麦芽香味浓,口感甜而醇厚,爽口微酸。

(6)司陶特(Stout)黑啤酒是一种爱尔兰生产的上面发酵黑啤酒。都布林Guinmess生产的司陶特是世界上最受欢迎的品牌之一。特点为色泽深厚,酒花苦味重,有明显的焦香麦芽味,口感干而醇,泡沫好。

(7)小麦啤酒为在啤酒制作过程中添加部分小麦所生产的啤酒。此种酒的生产工艺要求较高,酒的储藏期较短。此种酒的特点为色泽较浅,口感淡爽,苦味轻。

五、啤酒的服务

啤酒的最佳饮用温度4℃~10℃。啤酒专家们的研究结果表明,啤酒温度在

10°时泡沫最丰富,既细腻又持久,香气浓郁,口感舒适。

1. 啤酒的评判

（1）观

酒体色泽:普通浅色啤酒应该是淡黄色或金黄色,黑啤酒为红棕色或淡褐色。

看透明度:酒液应清亮透明,无悬浮物或沉淀物。

看泡沫:啤酒注入无油腻的玻璃杯中时,泡沫应迅速升起,泡沫高度应占杯子的1/3,当啤酒温度在8℃～15℃时,5分钟内泡沫不应消失;同时泡沫还应细腻、洁白,散落杯壁后仍然留有泡沫的痕迹(即"挂杯")。

（2）闻

闻香气,在酒杯上方,用鼻子轻轻吸气,应有明显的酒花特有的纯净清香、新鲜;无老化、杂异气味及生酒花气味;黑啤酒还应有焦麦芽的香气。

（3）品

一口喝15～20毫升最佳。入口醇正,没有酵母味或其他怪味杂味;口感清爽、协调、柔和,略感苦味而消失迅速,无明显的涩味;有二氧化碳的刺激,使人感到爽口。

2. 啤酒的斟倒

开启瓶啤时不要剧烈摇动瓶子,要用开瓶器轻启瓶盖,并用洁布擦拭瓶身及瓶口。

倒啤酒时以桌斟方法进行,斟倒时,瓶口不要贴近杯沿,可顺杯壁注入,先慢倒,再猛冲,最后轻轻抬起瓶口,使泡沫自然高涌。泡沫过多时,应分二次斟倒。酒液占3/4杯,泡沫占1/4杯。

不要在喝剩的啤酒杯内倒入新开瓶的啤酒,这样会破坏新啤酒的味道,最好的办法是喝干之后再倒。但是,在实际服务过程中很难做到这一点。因此可以先问一下客人:"您需要添点儿酒吗?"于是懂得这一诀窍的客人就会说"等一下",然后拿起酒杯把剩酒喝完,让服务员倒上新的啤酒。

3. 啤酒的载杯

啤酒杯容量为360～1500毫升不等。它的外形就如同它的容积,也是多种多样的。啤酒杯外形之不同,与啤酒原产地、原料种类、生产方式、饮用方式有关。

一般来说,因啤酒都是冷藏后饮用,饮酒者的手不应触及杯身,以免影响酒的味道,所以啤酒杯有的有高脚。因啤酒酒精度数低,所以饮用量大,杯身的容积大。啤酒杯亦有平脚杯,但平脚杯一般有把手。

（1）小麦啤酒杯　　（2）皮尔森杯　　　（3）德式啤酒杯　　　　（4）扎啤杯

（5）品特杯　　　　　　（6）科隆直身杯　　　　　　（7）啤酒靴

图2-9　啤酒的载杯

（1）小麦啤酒杯,平底、高腰流线形,杯口阔,容积500毫升。小麦啤酒浓稠、味香,泡沫丰富,阔口杯是为了使其酒香和泡沫充分溢至杯口。

（2）皮尔森杯,皮尔森杯专门用来喝淡啤酒,器型小,容积在250毫升左右。

（3）德式啤酒杯,是传统的德国式生啤酒杯,一般有连着杯身的杯盖,有把手。质地有锡质、陶质、瓷质、玻璃、木制、银质等。杯身外表有美丽的花纹或图画。传统生啤酒杯大多是半升或一升容量。

（4）扎啤杯,这种啤酒杯专门喝生啤酒,一升装生啤杯,啤酒节见得比较多,平时不太用。

（5）品特杯,这种啤酒杯容积为1英制品特,大约为568毫升。一般用于喝黑啤酒和英式涩啤酒。

(6)科隆直身杯,这种酒杯一般在德国北威州使用比较多,例如在科隆,它专门用来喝"科隆"牌啤酒,在杜塞尔多夫用来喝一种类似英国黑啤(但酒体比英国黑啤要清凉和稀薄一些)的啤酒。

(7)啤酒靴,有超过一个世纪的历史,其背后的文化也很有意思。人们普遍认为,当时有一名将军向他的部队作出承诺:如果取得胜利,他将用自己的靴子盛啤酒喝。当战斗胜利后,将军命令工匠用玻璃制成靴子的形状来履行自己的诺言。这样一来,他既避免了脚臭味,也不用浪费啤酒。从那时起,士兵们就开始用靴型啤酒杯来庆祝胜利。在德国、奥地利和瑞士的聚会中,靴型啤酒杯通常作为啤酒挑战赛的酒杯。2006 年电影 *Beerfest* 播出之后,靴型啤酒杯在美国也迅速流行起来。靴型啤酒杯由熟练的玻璃工匠通过压制或吹制完成。现多用于节日聚餐时,客人之间传递盛满啤酒的啤酒靴,互相比试酒量,作为欢宴的助兴节目。

4. 德国的啤酒节

啤酒节源于德国。1810 年的 10 月,为了庆祝巴伐利亚的路德维格王子和萨克森国的希尔斯公主的婚礼,德国举行啤酒节庆典。自那以后,10 月啤酒节就作为巴伐利亚的一个传统的民间节日保留下来。每年从 9 月下旬到 10 月上旬,人们倾巢而出,亲朋好友相伴,恋人相依,欢聚在一起,喝着自制的鲜酿啤酒,吃着德国独有的各式各样的香肠和面包,其间乐队身着民族服装穿梭于人群之中,娴熟地演奏轻松欢快的乐曲。

慕尼黑啤酒节对啤酒限制很严,必须是本地出产的啤酒,而且原麦汁浓度不得小于 13.5°,才有资格在啤酒节上销售,这样的啤酒被指定为 10 月节啤酒。

第四节　清酒

清酒(Sake)是日本的国酒,是日本人借鉴中国的酿酒技术、用大米发酵酿成的酒,所以有些英语国家也将其称为"Rice Wine"。1000 多年来,清酒都是日本最常见的酒品,不管是在大型活动庆典上,还是寻常百姓餐桌上,都能看到它的身影,称它为国酒名副其实。

清酒,是以大米为原料,将米粒浸渍、蒸煮后,拌以米曲进行发酵,制出原酒,然后经过滤、杀菌、储存、勾兑等一系列工序酿制而成的低度酒精饮料。

一、清酒的起源

日本的造酒文化源于中国大陆。2000 年前,江浙一带的大米种植技术和以大米为原料的酿酒技术传到了日本。日本的风土将其精炼并发展成今天的清酒。奈良县的三轮神社,京都府的松尾神社、梅之宫神社在日本因供奉酒神而非常著名。三家神社所供奉的酒神代表了日本酿酒技术在不同时期的情况。三轮神社供奉的诸神中有一位"大国主命"神,他是日本土著民族的代表。这表明2000年前在同亚洲大陆交流时,大米的种植技术和以大米为原料的酿酒技术一同传到了"出云阿国",这就是日本清酒的原型,清酒是日本民族的国酒。松尾神社供奉的酒神据说是秦氏,他是距今1500年前从朝鲜半岛旅居日本的众多有技术的工匠中掌握酿酒技术的代表人物。梅之宫神社供奉的"木花咲耶姬"神,传说他用大米酿制甜酒,这表明1200年前就开始了制曲酿酒。

据中国史书记载,古时候日本只有"浊酒",没有清酒。后来有人在浊酒中加入石炭,使其沉淀,取其清澈的酒液饮用,于是便有了"清酒"之名。公元7世纪中叶之后,朝鲜古国百济与中国常有来往,并成为中国文化传入日本的桥梁。因此,中国用"曲种"酿酒的技术就由百济人传播到日本,使日本的酿酒业得到了很大的进步和发展。到了公元14世纪,日本的酿酒技术已日臻成熟,人们用传统的清酒酿造法生产出质量上乘的产品,尤其在奈良地区所产的清酒最负盛名。

日本清酒是典型的日本文化产物。每年成人节(元月15日),日本年满20周岁的男男女女都穿上华丽隆重的服饰,即男着吴服,女穿和服,与三五同龄好友共赴神社祭拜,然后饮上一杯淡淡的清酒(日本法律规定,不到成年不能饮酒),在神社前合照一张饮酒的照片。此节日的程序一直延至今日,由此可见清酒在日本人心中的地位。

二、清酒的酿造工艺

1. 用水

清酒酿造过程中的浸米、投料、调配、洗涤及锅炉等各项用水,总量为原料米的20~30倍,清酒成分的80%以上是水。从清酒的酿制角度看,把既能促进微生物生长又能促进醪发酵的含有钾、镁、氯、磷酸等成分的水视为强水,强水可酿制辣口酒,反之即是弱水,弱水可酿制甜酒。

2. 用米

一般要求选择大粒、软质(即吸水力强,饭粒内软外硬且有弹性,米曲霉繁殖容易,醪中溶解性良好)、心白率高、蛋白质及脂肪含量少、淀粉含量高、容易酿造的米。

日本清酒中的制曲,酒母及发酵用米都是用精白的粳米,仅有少量清酒的酿造,在快速成型的发酵醪中添加部分糯米糖化液,以调整其成分。

3. 洗米、浸米

洗米的目的为除去附在米上的糖、尘土及杂物。浸米的时间与米的精白度有关,从吟酿米的几分钟到精白度低的米一昼夜不等,浸米温度以10℃~13℃为宜,浸米后的白米含水量以 28% ~29% 为适度,沥干即放水。

4. 蒸饭

这是将白米的生淀粉(β淀粉)加热变成α淀粉。即淀粉的胶化或糊状,以使酶易于作用。可分为前期以蒸汽通过米层,在米粒表面结露及凝缩水;后期是凝缩水向米粒内部渗透,主要使淀粉α化及蛋白质变性等。

5. 曲

清酒酿造一般用两类微生物:制造米曲用米曲霉;培养酒母用优良清酒酵母。

制曲是清酒酿造的首要环节,日本历来有一曲二酛(酒母)三造(醪)的说法,曲的作用有三:一是使酒母和醪提供酶源,使饭粒的淀粉、蛋白质和脂肪等溶出和分解;二是在曲霉菌繁殖和产酶的同时生成葡萄糖、氨基酸、维生素成分,这是清酒酵母的营养源;三是曲香及曲的其他成分有助于形成清酒独特的风味。

6. 发酵

醪发酵是清酒酿造过程成败的关键,它起着组合原料、米曲、酒母的作用,直接影响到酒品的质量。清酒醪一般在敞口窗口内开放的状态下发酵,清酒发酵温度通常为15℃左右(10℃~18℃),吟酿酒在10℃左右。

7. 压滤、灭菌、贮存

压滤一般有袋滤和自动压榨机压滤,经压滤得到的酒液,含有纤维素、淀粉、不溶性蛋白质及酵母等物质,会使清酒香味起变化,必须通过澄清、过滤,为了脱色和调整香味,在过滤时应加一定量的活性炭。

灭菌时温度通常为60℃,时间为2~3分钟,现在提高到61℃~64℃,灭菌后的清酒进入贮藏罐时的温度为61℃~62℃。

一般采用低温冷藏为10℃左右,清酒的贮存期通常为半年到一年,经过一个夏季,酒味圆润者为好酒。

三、清酒的特点

日本清酒虽然借鉴了中国黄酒的酿造法,却有别于中国的黄酒。

清酒色泽呈淡黄色或无色,清亮透明,芳香宜人;口味醇正,绵柔爽口,其酸、甜、苦、涩、辣诸味协调;酒精含量在15%以上,含多种氨基酸、维生素,是营养丰富的饮料酒。

四、清酒的分类

1. 按制法不同分类

(1)纯米酿造酒

纯米酿造酒即为纯米酒,仅以米、米曲和水为原料,不外加食用酒精。此类产品多数供外销。

（2）普通酿造酒

普通酿造酒属低档的大众清酒，是在原酒液中兑入较多的食用酒精，即1吨原料米的醪液添加100％的酒精120升。

（3）增酿造酒

增酿造酒是一种浓而甜的清酒。在勾兑时添加了食用酒精、糖类、酸类、氨基酸、盐类等原料调制而成。

（4）本酿造酒

本酿造酒属中档清酒，食用酒精加入量低于普通酿造酒。

（5）吟酿造酒

制作吟酿造酒时，要求所用原料的精米率在60％以下。日本酿造清酒很讲究糙米的精白程度，以精米率来衡量精白度，精白度越高，精米率就越低。精白后的米吸水快，容易蒸熟、糊化，有利于提高酒的质量。吟酿造酒被誉为"清酒之王"。

2. 按口味分类

（1）甜口酒，甜口酒为含糖分较多、酸度较低的酒。

（2）辣口酒，辣口酒为含糖分少、酸度较高的酒。

（3）浓醇酒，浓醇酒为含浸出物及糖分多、口味浓厚的酒。

（4）淡丽酒，淡丽酒为含浸出物及糖分少而爽口的酒。

（5）高酸味酒，高酸味酒是以酸度高、酸味大为其特征的酒。

（6）原酒，原酒是制成后不加水稀释的清酒。

（7）市售酒，市售酒指原酒加水稀释后装瓶出售的酒。

3. 按贮存期分类

（1）新酒，新酒是指压滤后未过夏的清酒。

（2）老酒，老酒是指贮存过一个夏季的清酒。

（3）老陈酒，老陈酒是指贮存过两个夏季的清酒。

（4）秘藏酒，秘藏酒是指酒龄为5年以上的清酒。

4. 按酒税法规定的级别分类

（1）特级清酒，品质优良，酒精含量16％以上，原浸出物浓度在30％以上。

（2）一级清酒，品质较优，酒精含量16％以上，原浸出物浓度在29％以上。

（3）二级清酒，品质一般，酒精含量15％以上，原浸出物浓度在26.5％以上。

根据日本法律规定，特级与一级的清酒必须送交政府有关部门鉴定通过，方可列入等级。由于日本酒税很高，特级的酒税是二级的4倍，有的酒商常以二级产品销售，所以受到内行饮家的欢迎。但是，从1992年开始，这种传统的分类法被取消了，取而代之的是按酿造原料的优劣、发酵的温度和时间以及是否添加食用酒精等来分类，并标出"纯米酒""超纯米酒"的字样。

5. 根据精米步合①分类

（1）纯米大吟酿酒（JunmaiDaiginjo－shu）：由纯米酿造，精米步合低于50%，口感平滑，是清酒中的极品。

（2）大吟酿酒（Daiginjo－shu）：精米步合低于50%。

（3）纯米吟酿酒（JunmaiGinjo－shu）：由纯米酿造，精米步合最高为60%，芳香清爽。

（4）吟酿酒（Ginjo－shu）：精米步合最高为60%。

（5）特别纯米酒（TokubetsuJunmai－shu）：精米步合最高为60%或采用特殊酿造方式，丰厚醇和。

（6）特别本酿造酒（TokubetsuHonjozo－shu）：精米步合最高为60%或采用特殊酿造方式。

（7）纯米酒（Junmai－shu）：精米步合70%以下即可。

（8）本酿造酒（Honjozo－shu）：可添加食用酒精，精米步合70%以下即可，清爽甜美。

五、清酒的命名与主要品牌

日本清酒的牌名很多，仅日本《铭酒事典》中介绍的就有400余种，命名方法各异。

1. 清酒的命名方式

有的清酒用一年四季的花木和鸟兽及自然风光等命名，如白藤、鹤仙等；有的以地名或名胜定名，如富士、秋田锦等；也有以清酒的原料、酿造方法或酒的口味取名的，如大吟酿、纯米酒之类；还有以各类誉词作酒名的，如福禄寿、国之誉、长者盛等。

2. 清酒的主要品牌

清酒的品牌中，"正宗"二字最常见。据日本"酒造组合中央会"（清酒行业协会）统计，已经登记注册的清酒名称中，带"正宗"二字的就有130多个品牌。但是清酒名称中的"正宗"与汉语中的"正宗"毫无关系。正确的解释应该是：某某牌清酒。据称在日本的江户时代（1603—1867年），日本酒的某酒商在给清酒取名的时候，看到了佛教的禅宗流派中"临济正宗"的名字而受启发。因为日语中"正宗"与"清酒"的发音相同，都读"Seisyu"。于是该酒商便取"正宗"二字作为自家清酒的名字。到了明治17年（1884年），随着日本政府颁布《商标条例》，"正宗"二字开始正式被申请为商标。当时各厂商纷纷申请"正宗"作为登录商标，因该词是"普通大众词"而不被受理。菊正宗的第八代传人——嘉纳秋香翁，不经意间看到"菊花"后顿时受到启发。于是将自家的品牌冠以"菊"字，"菊正宗"这一商

---

① 表示大米磨皮程度的术语，指磨过之后的白米占原本糙米的比重，如将一批糙米磨去四成后，剩下的白米占原米重量的六成，其精米步合即为60%。

标就如此形成。

(1)菊正宗

菊正宗创业于 1659 年,即日本年号万治 2 年。它的历史悠久,是日本清酒界的老牌企业之一。其产品的特色是,酒香味烈,故称为:男人之酒。这是由于其在酿造发酵的过程中,采用菊正宗公司自行开发的"菊正酵母"作为酒母。因为这种酵母菌的发酵力强,而且生命力旺盛,直到发酵末期也不会死亡。所以它最大限度地将酒中的葡萄糖转化成酒精。因此酿造出了拥有酒质凛冽、余味悠长的酒。

(2)大关

大关清酒在日本已有 285 年的历史,"大关"的名称是根源于日本传统的相扑运动。数百年前日本各地最勇猛的力士,每年都会聚集在一起进行摔跤比赛,优胜的选手则会被赋予"大关"的头衔;而大关的品名是在 1939 年第一次被采用,作为特殊的清酒等级名称。大关在 1958 年颁发"大关杯"与优胜的相扑选手,此后大关清酒就与相扑运动结合,更成为优胜者在庆功宴最常饮用的清酒品牌。

(3)日本盛

酿造日本盛清酒的西宫酒造株式会社,在明治 22 年(1889 年)创立于日本兵库县著名的神户滩五乡中的西宫乡,为使品牌名称与酿造厂一致,于 2000 年更名为日本盛株式会社。该公司创立至今已有 127 年历史,日本盛清酒是于 1990 年 12 月在公卖局的机场免税店试销成功后,才正式进入台湾,其口味介于月桂冠(甜)与大关(辛)之间。

(4)月桂冠

月桂冠的最初商号名称为笠置屋,成立于宽永 14 年(1637 年),当时的酒品名称为玉之泉,其创始者大仓六郎右卫门在山城笠置庄,也就是现在的京都相乐郡笠置町伏见区,开始酿造清酒,至今已有 360 年的历史。其所选用的原料米也是山田井,水质属软水的伏水,所酿出的酒香醇淡雅;在明治 38 年(1905 年)日本时兴竞酒比赛,优胜者可以获得象征最高荣誉的桂冠,希冀能赢得象征清酒的最高荣誉而采用"月桂冠"这个品牌名称。

(5)白雪

日本清酒最原始的功用是作为祭祀之用,寺庙里的和尚为了祭典自行造酒,部分留作自己喝,早期的酒呈混浊状,经过不断的演进改良才逐渐转成清澄,其时大约在 16 世纪,白雪清酒的发源可溯至公元 1550 年,小西家族的祖先新右卫门宗吾开始酿酒,当时最好喝的清酒称为"诸白",由于小西家族制造诸白成功而投入更多的心力制作清酒;到了 1600 年江户时代,小西家第二代宗宅运酒至江户途中时,仰望富士山,被富士山的气势所感动,因而命名为"白雪"。一般日本酒最适合酿造的季节是在寒冷的冬季,因为气温低,水质冰冷,是酿造清酒的理想条件,因此自江户时期以来,日本清酒多是冬天进行酿酒的工作,称为"寒造",酿好的酒第二年春夏便进行陈酒; 1963 年,白雪在伊丹设立第一座四季酿造厂(富士山二号),打破了季节的限制,使造酒不再限于冬季,任何季节都可造酒。

(6)白鹿

白鹿清酒创立于日本宽永 2 年(1625 年)德川四代将军时代,至今已有 340 年的历史; 由于当地的水质清冽甘美,是日本所谓最适合酿酒的西宫名水,白鹿就是使用此水酿酒; 早在江户时代的文政、天保年间(1818—1843 年),白鹿清酒就被称为"滩的名酒",迄今仍拥有较高的地位。

(7)白鹤清酒

白鹤清酒创立于 1743 年,至今已有 270 余年的历史,在日本也是数一数二的大品牌。它在日本的主要清酒产区——关西的滩五乡,有不可动摇的地位。尤其是白鹤的生酒、生贮藏酒等,在日本的消量更是常年居冠。

(8)御代荣

御代荣是成龙酒造株式会社出产的酒品。成龙酒造位于日本四国岛的爱媛县,成立于明治 10 年(1877 年),至今已有 139 年的历史。"御代荣"的铭柄(商标)原意是期望世代子孙昌盛繁荣,因此酒造的先代创始人期望藏元(酒厂)也能世代繁荣,并承续传统文化酿造出优美的酒质,让人饮用美酒后也能有幸福之感。

六、清酒的新产品

1. 浊酒

浊酒是与清酒相对的。清酒醪经压滤后所得的新酒,静止一周后,抽出上清部分,其留下的白浊部分即为浊酒。浊酒的特点之一是有生酵母存在,会连续发酵产生二氧化碳,因此应用特殊瓶塞和耐压瓶子包装。装瓶后加热到 65℃ 灭菌或低温贮存,并尽快饮用。此酒被认为外观珍奇,口味独特。

2. 红酒

在清酒醪中添加红曲的酒精浸泡液,再加入糖类及谷氨酸钠,调配成具有鲜味且糖度与酒度均较高的红酒。由于红酒易褪色,在选用瓶子及库房时要注意避光性,应尽快销售、饮用。

3. 红色清酒

该酒是在清酒醪主发酵结束后,加入酒度为 60° 以上的酒精红曲浸泡而制成的。红曲用量以制曲原料米计,为总米量的 25% 以下。

4. 赤酒

该酒在第三次投料时,加入总米量 2% 的麦芽以促进糖化。另外,在压榨前一天加入一定量的石灰,在微碱性条件下,糖与氨基酸结合成氨基糖,呈红褐色,而不使用红曲。此酒为日本熊本县特产,多在举行婚礼时饮用。

5. 贵酿酒

贵酿酒与我国黄酒类的善酿酒的加工原理相同。投料水的一部分用清酒代替,使醪的温度达 9℃ ~ 10℃,即抑制酵母的发酵速度,而白糖化生成的浸出物则残留较多,制成浓醇而香甜型的清酒。此酒多以小瓶包装出售。

6. 高酸味清酒

利用白曲霉及葡萄酵母,采用高温糖化酵母,醪发酵最高温度 21℃,发酵 9 天制成类似干葡萄酒型的清酒。

7. 低酒度清酒

酒度为 10 ~ 13°,适合女士饮用。低酒度清酒市面上有三种:一是普通清酒(酒度 12°左右)加水;二是纯米酒加水;三是柔和型低度清酒,是在发酵后期追加水与曲,使醪继续糖化和发酵,待最终酒度达 12°时压榨制成。

8. 长期贮存酒

一般在压榨后的 3 ~ 15 个月内销售,当年 10 月份酿制的酒,到次年 5 月出库。但消费者要求饮用如中国绍兴酒那样长期贮存的香味酒。老酒型的长期贮存酒,为添加少量食用酒精的本酿造酒或纯米清酒。贮存时应尽量避免光线和接触空气。凡 5 年以上的长期贮存酒称为“秘藏酒”。

9. 发泡清酒

将通常的清酒醪发酵 10 天后,即进行压榨,滤液用糖化液调整至 3 个波美度,加入新鲜酵母再发酵。室温从 15℃ 逐渐降到 0℃ 以下,使二氧化碳大量溶解于酒中,用压滤机过滤后,以原曲耐压罐贮存,在低温条件下装瓶,瓶口加软木塞,并用铁丝固定,60℃ 灭菌 15 分钟。发泡清酒在制法上兼具啤酒和清酒酿造工艺,在风味上,兼备清酒及发泡性葡萄酒的风味。

10. 活性清酒

该酒为酵母不杀死即出售的活性清酒。

11. 着色清酒

将色米的食用酒精浸泡液加入清酒中,便成着色清酒。我国台湾地区和菲律宾的褐色米、日本的赤褐色米、泰国及印度尼西亚的紫红色米,表皮都含有花色素系的黑紫色或红色素成分,是生产着色清酒的首选色米。

七、清酒的服务

1. 清酒的保藏

清酒是一种谷物原汁酒,因此不宜久藏。清酒很容易受日光的影响。白色瓶装清酒在日光下直射 3 小时,其颜色会加深 3 ~ 5 倍。即使库内散光,长时间的照射影响也很大。所以,应尽可能避光保存,酒库内保持洁净、干爽,同时,要求低温(10℃~12℃)贮存,贮存期通常为半年至一年。

2. 清酒的品鉴

(1)眼观,观察酒液的色泽与色调是否纯净透明,若是有杂质或颜色偏黄甚至呈褐色,则表示酒已经变质或是劣质酒。在日本品鉴清酒时,会用一种在杯底画着螺旋状线条的"蛇眼杯"来观察清酒的清澈度,是一种比较专业的品酒杯。

(2)鼻闻,清酒最忌讳的是过熟的陈香或其他容器所逸散出的杂味,所以,有芳醇香味的清酒才是好酒,而品鉴清酒所使用的杯器与葡萄酒一样,需特别注意温度的影响与材质的特性,这样才能闻到清酒的独特清香。

(3)口尝,在口中含3~5毫升的清酒,然后让酒在舌面上翻滚,使其充分、均匀地遍布舌面来进行品味,同时闻酒杯中的酒香,让口中的酒与鼻闻的酒香融合在一起,吐出之后再仔细品尝口中的余味,若是酸、甜、苦、涩、辣五种口味均衡调和,余味清爽柔顺的酒,就是优质的好酒。

3. 饮用温度

清酒一般在常温(16℃左右)下饮用,冬天需温烫后饮用,加温一般至40℃~50℃,用浅平碗或小陶瓷杯盛饮。

(1)常见的温烫有以下几种:

①将欲饮用的清酒倒入清酒壶中,再放入80℃至90℃的热水中,加热三四分钟即可。这种隔水加热法最能保持酒质的原本风味,并让其渐渐散发出迷人的香气。

②微波炉:500W,40秒即可。用保鲜膜或铝箔盖住酒壶口,才可使壶中的酒温度产生对流,让酒温均匀。

(2)常见的冰饮方法有以下几种:

①将饮酒用的杯子预先放入冰箱冷藏,要饮用时再取出杯子倒入酒液,让酒杯的冰冷低温均匀地传导融入酒液中,以保存住纤细的口感。

②也有一种特制的酒杯,可以隔开酒液及冰块,将碎冰块放入酒杯的冰槽后,再倒入清酒。

③直接方便的方法就是将整樽的清酒放入冰箱中冰存,饮用时再取出即可。

4. 载杯

饮用清酒时可采用浅平碗或小陶瓷杯,也可选用褐色或青紫色玻璃杯作为杯具。酒杯应清洗干净。

5. 饮用时间

清酒可作为佐餐酒,也可作为餐后酒。

值得注意的是,清酒是一种多用途的饮料,可以冷藏后饮用或加冰块和柠檬饮用。在调制马提尼酒时,清酒可以作为干味美思的替代品(sakeni)。清酒在开瓶前应当存放在低温黑暗的地方。与葡萄酒不同的是,清酒陈酿并不能使其品质提高,开瓶后就应放在冰箱里,6周内饮用完。

第五节　中国黄酒

中国的黄酒,也称为米酒(Rice Wine),属于酿造酒,在世界三大酿造酒(黄酒、葡萄酒和啤酒)中占有重要的一席。酿酒技术独树一帜,成为东方酿造界的典型代表和楷模。

黄酒,以稻米、黍米等为主要原料,加酒曲、酵母等糖化剂酿制而成的发酵酒,酒度一般为15°左右。

一、黄酒的起源

大约6000年前的新石器时期,简单的劳动工具足以使祖先们衣可暖身、食可果腹,而且还有了剩余,但粗陋的生存条件难以实现粮食的完备储存,剩余的粮食只能堆积在潮湿的山洞里或地窖中。时日一久,粮食发霉发芽。霉变的粮食浸在水里,经过天然发酵成酒,这便是天然粮食酒。饮之,芬芳甘洌。又经历上千年的摸索,人们逐渐掌握了一些酿酒的技术。

晋代江统在《酒诰》中说:"有饭不尽,委于空桑,郁结成味,久蓄气芳。本出于此,不由奇方。"说的就是粮食酿造黄酒的起源。

中国是世界上最早用曲药酿酒的国家。曲药的发现、人工制作及运用大概可以追溯到公元前2000年的夏王朝到公元前200年的秦王朝这1800年的时间。根据考古发掘,我们的祖先早在殷商武丁时期就掌握了微生物"霉菌"生物繁殖的规律,已能使用谷物制成曲药,发酵酿造黄酒。

到了西周,农业的发展为酿造黄酒提供了完备的原始资料。人们的酿造工艺在总结前人"秫稻必齐,曲药必时"的基础上有了进一步的发展。秦汉时期,曲药酿造黄酒技术又有所提高,《汉书·食货志》载:"一酿用粗米二斛,得成酒六斛六斗。"这是我国现存最早用稻米曲药酿造黄酒的配方。曲药的发明及应用,是中华民族的骄傲,是中华民族对人类的伟大成就。

黄酒是用谷物作原料,用麦曲或小曲做糖化发酵剂制成的酿造酒。在历史上,黄酒的生产原料在北方称为粟(学名为Setaria italica,在古代,是秫、粱、稷、黍的总称,有时也称为粱,现在也称为谷子,去除壳后的叫小米)。在南方,普遍用稻米(尤其是糯米为佳)为原料酿造黄酒。由于宋代政治、文化、经济中心的南移,黄酒的生产局限于南方数省。南宋时期,烧酒开始生产,元朝开始在北方得到普及,北方的黄酒生产逐渐萎缩,南方人饮烧酒者不如北方普遍。在南方,黄酒生产得以保留。清朝时期,南方绍兴一带的黄酒称雄国内外。目前黄酒生产主要集中于浙江、江苏、上海、福建、江西和广东、安徽等地,山东、陕西、大连等地也有少量生产。

二、黄酒的酿造工艺

1. 原料选择

(1)水,选择晨间至午时的山涧泉水。午时过后的水不用,因此,上午要备好一天的酿造用水。

(2)糯米,外观应具有品种特色和光泽,粒丰满、整齐,米质要纯,不可以混有糠秕、碎米和杂米等其他物质。

(3)制曲,酿造黄酒之前,必须要提前半年做好酒曲。一般做酒曲选择在天气炎热的伏天制作,利用麦仁、酵子、麻叶等经过装填、发酵而制成传统的酒曲,使用这种酒曲酿造出来的黄酒酒香四溢,同时也更加传统和古朴。

2. 酿造方法步骤

(1)浸米

浸米是使米的淀粉粒子吸水膨胀,淀粉颗粒疏松便于蒸煮。浸米的时间要求:浸米的程度一般要求米的颗粒保持完整。

(2)蒸煮

蒸煮的要求:对糯米的蒸煮质量要求是达到外硬内软,内无白心,疏松不糊,透而不烂和均匀一致。

(3)冷却

蒸熟后的糯米饭必须经过冷却迅速地把品温降到适合发酵微生物繁殖的温度,冷却的方法按其用途摊在大竹篱上,但需防止污染。

(4)入坛

把已清洗干净的酒坛用开水烫过,然后按比例斗米升曲加二五水(米与水按1:1.25),计算准确依次入坛,搅拌均匀,坛口加盖能透气的竹笋子或干净的麻袋。

(5)发酵管理

物料入坛后如室温低于15℃要进行适当保温,方法是地面辅30厘米厚的谷壳,旁边加盖麻袋,关闭窗口和门,一般经过12小时后开始糖化和发酵。由于酵母的发酵作用,多数的糖分变成酒精和二氧化碳,并放出大量的热,温度开始上升,坛里可听到嘶嘶的发酵响声,并会发出气泡把酒醅顶到液面上来形成厚被盖的现象,取发酵醪尝,味鲜甜已略带酒香,品温比落坛时升高5℃~7℃。此时要注意把握开耙时间。开耙有高温和低温两种不同形式,高温开耙待醪的品温升到35℃以上才进行第一次搅拌(开头耙)使品温下降。

低温开耙是品温升至30℃左右就进行第一次搅拌,发酵温度最高不超过30℃,由于开耙的品温的高低影响到成品风味,惠泽龙黄酒采用的是低温开耙,俗称"冷作酒"。头耙后品温显著下降,以后各次开耙应视发酵的具体情况而定,如室温低品温升得慢,应将开耙时间拉长些,反之把开耙的间隔时间缩短些。耙酒一般在每日的早晚进行,主要是降品温和使糖化发酵均匀进行,但为了减少酒精高挥发损失,在气温低时应尽可能少搅拌,经过13~15天,使品温和室温相近,糟粕开始下沉,主发酵阶段结束即可停止搅拌。用报纸封住坛口,让其长期静止,然后发酵2~3个月。

(6)压榨

把发酵醪中酒的液体部分和糟粕固体部分分离称压榨。用木材制成榨箱(每一箱可容酒三斗左右)。箱与箱之间用竹篾间隔,箱内放置装满酒醪的细袋。装满后,用千金套上糊蝶吊,让酒液自流,然后逐渐上石块,为保证压干;先行取出榨袋,将袋三折,仍放入榨内再榨。

(7)澄清

刚榨出的酒是生酒,含有少量微细的固形物,因此要在大木桶静置2~3天,使少量微细浮物沉入桶底,取上层清液装入酒坛,沉渣重新压滤回收酒液,此操作称为澄清。

(8)装坛

酒液澄清后装入酒坛,坛口先封一层箬叶,一层报纸,再封一层箬叶,然后用草绳捆紧,再做上土头。

(9)温酒

把做土头的酒坛抬到温酒埕,排列的间隔多根据酒坛大小进行区分,大坛间隔需宽些,小坛间隔需小些,这样便于放置适当的稻草和谷壳燃烧的容量。控制温度能防止酒温过火或温度不够,过火了对酒的风味有破坏,温度不够达不到杀菌的目的,酒会变质。

(10)贮藏管理

把温好的黄酒打上标签放入酒库进行贮存,酒库应保持阴凉通风干燥。贮存的酒不宜随便搬动。要经常巡查酒库内的酒坛是否有渗漏等情况,一旦发现要及时处理,以免酒坛被渗漏出来的酒液熏染。最后按酒龄分别出库。

三、黄酒的分类

1.按酒中含糖量分

(1)干黄酒

"干"表示酒中的含糖量少,其含糖量小于15g/L(GB/T17204—2008)。这种酒属稀醪发酵,总加水量为原料米的三倍左右。发酵温度控制得较低,开耙搅拌的时间间隔较短。酵母生长较为旺盛,故发酵彻底,残糖很低。干黄酒的代表是"元红酒"。

(2)半干黄酒

"半干"表示酒中的糖分还未全部发酵成酒精,还保留了一些糖分,其含糖量在 15.1g/L ~ 40 g/L。在生产上,这种酒的加水量较低,相当于在配料时增加了饭量,故又称为"加饭酒"。酒质厚浓,风味优良,可以长久贮藏,是黄酒中的上品。在发酵过程中,要求较高。我国大多数出口酒,均属此种类型。

(3)半甜黄酒

这种酒含糖量在 40.1g/L ~ 100 g/L。这种酒采用的工艺独特,是用成品黄酒代水,加入到发酵醪中,使糖化发酵的开始之际,发酵醪中的酒精浓度就达到较高的水平,在一定程度上抑制了酵母菌的生长速度。由于酵母菌数量较少,对发酵醪中产生的糖分不能转化成酒精,故成品酒中的糖分较高。这种酒,酒香浓郁,酒度适中,味甘甜醇厚,是黄酒中的珍品。但这种酒不宜久存,贮藏时间越长,色泽越深。黄酒的代表是"善酿酒"。

(4)甜黄酒

这种酒中的总糖量大于 100 g/L,一般是采用淋饭操作法,拌入酒药,搭窝先酿成甜酒酿,当糖化至一定程度时,加入 40% ~ 50% 浓度的米白酒或糟烧酒,以抑制微生物的糖化发酵作用。由于加入了米白酒,酒度也较高。甜型黄酒可常年生产。甜黄酒的代表是"封缸酒",绍兴地区又称为"香雪酒"。

(5)加香黄酒

这是以黄酒为酒基,经浸泡(或复蒸)芳香动、植物或加入芳香动、植物的浸出液而制成的黄酒。

2. 按酿造方法分

(1)淋饭酒

淋饭酒是指蒸熟的米饭用冷水淋凉,然后,拌入酒药粉末,搭窝,糖化,最后加水发酵成酒。这样酿成的淋饭酒口味较淡薄。有的工厂是用来作为酒母的,即所谓的"淋饭酒母"。

(2)摊饭酒

是指将蒸熟的米饭摊在竹篦上,使米饭在空气中冷却,然后再加入麦曲、酒母(淋饭酒母)、浸米浆水等,混合后直接进行发酵。

(3)喂饭酒

按这种方法酿酒时,米饭不是一次性加入,而是分批加入。

3. 按原料和酒曲分

(1)糯米黄酒

以酒药和麦曲为糖化、发酵剂。主要生产于中国南方地区。

（2）黍米黄酒

以米曲霉制成的麸曲为糖化、发酵剂。主要生产于中国北方地区。

（3）大米黄酒

为一种改良的黄酒，以米曲加酵母为糖化、发酵剂。主要生产于中国吉林及山东。

（4）红曲黄酒

以糯米为原料，红曲为糖化、发酵剂。主要生产于中国福建及浙江。

4. 按黄酒风格分

（1）传统型黄酒（Traditional Type Chinese Rice Wine）

以稻米、黍米、玉米、小米、小麦等为主要原料，经蒸煮、加酒曲、糖化、发酵、压榨、过滤、煎酒（除菌）、储存、勾兑而成的黄酒。

（2）清爽型黄酒（Qingshuang Type Chinese Rice Wine）

以稻米、黍米、玉米、小米、小麦等为主要原料，加入酒曲（或部分酶制剂和酵母）为糖化发酵剂，经蒸煮、加酒曲、糖化、发酵、压榨、过滤、煎酒（除菌）、储存、勾兑而成的口味清爽的黄酒。

（3）特型黄酒（Special Type Chinese Rice Wine）

由于原辅料和（或）工艺有所改变（如加入药食同源等物质），具有特殊风味且不改变黄酒的风格。

四、黄酒主要品牌

- 古越龙山（浙江古越龙山绍兴酒股份有限公司）
- 会稽山（会稽山绍兴酒股份有限公司）
- 石库门—和酒（上海金枫酒业股份有限公司）
- 塔牌（浙江塔牌绍兴酒有限公司）
- 女儿红（绍兴女儿红酿酒有限公司）
- 即墨（山东即墨黄酒厂）
- 西塘老酒（浙江嘉善黄酒有限公司）
- 沙洲优黄（江苏张家港酿酒有限公司）
- 善好（浙江善好酒业集团）
- 古越楼台（湖南古越楼台酿酒有限公司）

五、黄酒的服务

黄酒的饮法，可带糟食用，也可仅饮酒汁，以后者较为普遍。

1. 饮用方法

（1）温饮

温饮是传统的饮法，将盛酒器放入热水中烫热，或隔火加温。温饮的显著特点是酒香浓郁,酒味柔和。但加热时间不宜过久,否则酒精都挥发掉了,反而淡而无味。一般在冬天,盛行温饮。

(2)常温下饮用

(3)加冰饮用

在香港和日本,流行加冰后饮用,即在玻璃杯中加入一些冰块,注入少量的黄酒,最后加水稀释饮用。有的也可放一片柠檬入杯内。

2.和菜肴的搭配

饮酒时,配以不同的菜,则更可领略黄酒的特有风味,以绍兴酒为例:

- 干型的元红酒,宜配蔬菜类、海蜇皮等冷盘
- 半干型的加饭酒,宜配肉类、大闸蟹
- 半甜型的善酿酒,宜配鸡鸭类
- 甜型的香雪酒,宜配甜菜类

本章自测题

1. 被称为"发酵酒之王"的酒品是(　　　)。

A. 啤酒　　　　　　B. 黄酒　　　　　　C. 米酒　　　　　　D. 葡萄酒

2. 国际葡萄酒及葡萄酒组织规定葡萄酒的酒度不能低于(　　　)。

A. 7°　　　　　　B. 7.5°　　　　　　C. 8°　　　　　　D. 8.5°

3. 按糖分含量分类,半甜葡萄酒的糖度范围为(　　　)。

A. 50克/升以上　　B. 20～50克/升　　C. 4～12克/升　　D. 12～50克/升

4. 香槟酒及气泡葡萄酒理想的饮用温度是(　　　)。

A. 4℃～6℃　　　　B. 6℃～9℃　　　　C. 8℃～10℃　　　　D. 9℃～12℃

5. 按照法国法律对葡萄酒的等级分类,最高等级的葡萄酒为(　　　)级。

A. AOC　　　　　　B. VDQS　　　　　　C. VIN DE PAYS　　D. VIN DE TABLE

6. 香槟酒表示"天然的"一般在酒标中表示为(　　　)。

A. Brut　　　　　　B. Extra Sec　　　　C. Sec　　　　　　D. Doux

7. 德国葡萄酒可分为四个等级,最高级别的酒称为(　　　)。

A. Tafelwein　　　　　　　　　　B. Landwein

C. Qualitatswein b. A　　　　　　D. Qualitatswein mit Pradikat

8. 按照含糖量,黄酒可分为不同类型,其中半干型黄酒的代表是(　　　)。

A. 元红　　　　　　B. 加饭　　　　　　C. 善酿　　　　　　D. 香雪

第3章 蒸馏酒

学习目标

通过本章的学习,学生可掌握白兰地、威士忌、朗姆酒、德基拉酒、威士忌酒、金酒以及中国白酒的起源,熟悉各种蒸馏酒的生产原料与生产方式,掌握各种蒸馏酒的分类、产地、著名品牌以及饮用和服务知识。

蒸馏酒是指将发酵得到的酒液经过蒸馏提纯所得到的酒精含量较高的酒液。通常可经过一次、两次甚至多次蒸馏,便能取得高浓度、高质量的酒液。蒸馏酒根据原材料的不同又可分为:谷物蒸馏酒、水果蒸馏酒、果杂类蒸馏酒。

第一节 白兰地酒

白兰地酒(Brandy)通常被人称为"葡萄酒的灵魂"。白兰地一词最初来自荷兰文 Brandewijn,意为可燃烧的酒。狭义上讲,是指葡萄发酵后经蒸馏而得到的高度酒精,再经橡木桶贮存而成的酒。白兰地是蒸馏酒,以水果为原料,经过发酵、蒸馏、贮藏后酿造而成。酒精度数在40°~43°(勾兑的白兰地酒在国际上一般标准是42°~43°),虽属烈性酒,但由于经过长时间的陈酿,具有优雅细致的葡萄果香和浓郁的陈酿木香,口味甘洌,醇美无瑕,余香萦绕不散,白兰地呈美丽的琥珀色。

国际上通行的白兰地,酒精体积分数在40%左右,色泽金黄晶亮,以葡萄为原料的蒸馏酒叫葡萄白兰地。常讲的白兰地,都是指葡萄白兰地。以其他水果原料酿成的白兰地,应加上水果的名称,如苹果白兰地、樱桃白兰地等。

世界上生产白兰地的国家很多,但以法国出品的白兰地最为著名。而在法国产的白兰地中,尤以干邑地区生产的最为优美,其次为雅文邑(亚曼涅克)地区所产。除了法国白兰地以外,其他盛产葡萄酒的国家,如西班牙、意大利、葡萄牙、美国、秘鲁、德国、南非、希腊等国家,也都有生产一定数量风格各异的白兰地。

独联体国家生产的白兰地,质量也很优异。

一、白兰地的起源与发展

1. 国外

16 世纪,由于葡萄酒产量的增加及海运的途耗时间长,使法国葡萄酒变质滞销。这时,聪明的荷兰商人利用这些葡萄酒作为原料,加工成葡萄蒸馏酒。这样的蒸馏酒不仅不会因长途运输而变质,并且由于浓度高反而使运费大幅度降低。葡萄蒸馏酒销量逐渐增大,当时,荷兰人称这种酒为"Brandewijn",意思是"燃烧的葡萄酒"(Burnt Wine)。荷兰人在夏朗德地区所设的蒸馏设备也逐步改进,法国人开始掌握蒸馏技术,并将其发展为二次蒸馏法,但这时的葡萄蒸馏酒为无色,也就是现在的被称之为原白兰地的蒸馏酒。

1701 年,法国卷入了一场西班牙的战争。期间,葡萄蒸馏酒销路大跌,大量存货不得不被存放于橡木桶中。然而正是由于这一偶然事件,产生了现在的白兰地。战后,人们发现储存于橡木桶中的白兰地酒质实在妙不可言,香醇可口,芳香浓郁,色泽更是晶莹剔透,琥珀般的金黄色,高贵典雅。至此,产生了白兰地生产工艺的雏形——发酵、蒸馏、贮藏,也为白兰地的发展奠定了基础。

1887 年以后,法国改变了出口外销白兰地的包装,从单一的木桶装变成木桶装和瓶装。随着产品外包装的改进,干邑白兰地的身价也随之提高,销售量稳步上升。据统计,当时每年出口干邑白兰地的销售额已达三亿法郎。

2. 中国

研究中国科学史的英国著名专家李约瑟(Joseph Needham)博士曾经发表文章认为,世界上最早发明白兰地的,应该是中国人。

明朝大药学家李时珍在《本草纲目》中写道:"葡萄酒有两种,即葡萄酿成酒和葡萄烧酒"。所谓葡萄烧酒,就是最早的白兰地。《本草纲目》中还写道:"烧者取葡萄数十斤与大曲酿酢,入甑蒸之,以器承其滴露,古者西域造之,唐时破高昌,始得其法"。这种方法始于高昌,唐朝破高昌后,传到中原大地。高昌即现在的吐鲁番,说明我国在 1000 多年以前的唐朝时期,就用葡萄发酵蒸馏白兰地。

西方科学家一致认为,中国是世界上最早发明蒸馏器和蒸馏酒的国家。后来这种蒸馏技术通过丝绸之路传到西方。进入 17 世纪,法国人对古老的蒸馏技术加以改进,制成了蒸馏釜,或者叫夏郎德式壶形蒸馏锅,成为如今蒸馏白兰地的专用设备。法国人又意外地发现橡木桶贮藏白兰地的神奇效果,完成了酿造白兰地的工艺流程,首先生产出质量完美、誉满全球的白兰地。

然而直至中国第一个民族葡萄酒企业——张裕葡萄酿酒公司成立后,国内白兰地才真正得以发展。张弼士先生对中国的葡萄酒发展可谓功不可没,单说一个地下大酒窖的建立,就可谓"气势磅礴"。酒窖于1895年开始修建,直至1905年,历时十年经三次改建而成,采用的是土洋建筑法的结合,酒窖低于海平面一米多,深七米,稳稳地扎根于泛白的沙滩上近一百年。从此白兰地也如这酒窖一样稳稳地在中国扎下了坚实的根基。

1915年国产白兰地"可雅"在太平洋万国博览会上获金奖,我国有了自己品牌的优质白兰地,可雅白兰地也从此更名为金奖白兰地。

80年代后,改革开放使国门大开,进口白兰地迅猛地涌入国内市场,在冲击了国内白兰地市场的同时,也使国内对白兰地的认识及国内白兰地生产得以发展,白兰地生产量在逐年扩大。

二、白兰地的酿造工艺

1. 发酵(Fermenting)

在不添加酵母的情况下,经过3~5周的时间,葡萄自然发酵成葡萄酒,得到酒度在8°~10°、酸度较高的葡萄酒。通常,每生产1升干邑约需9升基酒。

2. 蒸馏(Distillation)

将发酵好的葡萄酒放入铜质蒸馏器中进行蒸馏,第一次蒸馏所得酒的酒度约在26°~32°。然后进行第二次蒸馏,此次蒸馏采用"掐头去尾"法获取酒液,其酒度在68°~72°,这就是最初的无色、透明的白兰地。

3. 陈酿(Ageing)

将无色透明的白兰地放入精选的橡木桶中进行贮存,使其浸木增色,口感改进,芳香浓郁,酒精也会慢慢挥发至空气中。据说,走进干邑地区,整个人便沐浴在酒香之中,每年经此工艺挥发掉的纯酒精为3%~4%,这一部分挥发掉的酒被称为 Angel's Share(天使所得)。或许也正因为有了这一部分 Angel's Share,才会有天使在干邑地区,使之为人类不断酿制出这天上人间少有的美味。

4. 勾兑(Blending)

经贮存的白兰地酒液呈琥珀色,味道和酒香有所长进,但为了达到完美的境界,尚需富有经验的勾兑大师们来对其进行最后的调混、勾兑。最好的白兰地是由不同酒龄不同来源的多种白兰地勾兑而成的,这是点睛之笔,它使白兰地的感观、香气和口感实现高度的和谐统一。

白兰地酿造工艺精湛,特别讲究陈酿时间与勾兑的技艺,其中陈酿时间的长短更是衡量白兰地酒质优劣的重要标准。干邑地区各厂家贮藏在橡木桶中的白兰地,有的长达40~70年之久。他们利用不同年限的酒,按各自世代相传的秘方进行精心调配勾兑,制造出各种不同品质、不同风格的干邑白兰地。酿造白兰地很讲究贮存酒所使用的橡木桶。由于橡木桶对酒质的影响很大,因此,木材的选择和酒桶的制作要求非常严格。最好的橡木是来自于干邑地区利穆赞和托塞斯两个地方的特产橡木。由于白兰地酒质的好坏以及酒品的等级与其在橡木桶中的陈酿时间有着紧密的关系，因此，酿藏对于白兰地酒来说至关重要。关于具体酿藏多少年代，各酒厂依据法国政府的规定，所定的陈酿时间有所不同。白兰地酒在酿藏期间酒质的变化，只是在橡木桶中进行的，装瓶后其酒液的品质不会再发生任何的变化。

5. 装瓶(Bottling)

勾兑后的白兰地在适当的容器中稳定6个月之后，就可用蒸馏水来稀释至适当的度数，然后进行过滤、放置和装瓶。白兰地与葡萄酒不同，不会在瓶中形成沉淀，入瓶以后就成为定型产品，只要避光低温保存，不泄漏，就可长期留用。

三、白兰地的酒龄标识

在白兰地的标签上经常看到的就是酒龄标识，不同国家和地区的标识各不相同。

(1)在美国，在标签上直接标出酒龄，按产品当中最新的酒的酒龄填写，并且只有在橡木贮存不少于两年的葡萄蒸馏酒才有资格填写酒龄。

(2)在澳大利亚，酒龄的标示方法是 Matured(至少两年)，Old(至少五年)，Very Old(至少十年)，只有在木桶中达到了规定的陈酿时间以后才准在标签上作上述标识。

(3)在葡萄牙，当标上"Aguardente Vinica Vitha"时，说明是"陈酿的葡萄酒生命之水"，其陈酿时间至少是一年。

(4)在南斯拉夫，采用星数来表达，三星表示陈酿三年，如果陈酿期超过三年，标签上就允许使用"Extra"(超老)。

(5)在德国，陈酿时间达到12个月时，就有权标示酒龄，并不必标明陈酿时间。

(6)在法国，行业内以原产地命名的葡萄酒生命之水的管理规则非常严格，而对于其他的葡萄酒生命之水和白兰地的规则要宽松得多，按顺序可分为：★★★(三星)——酒龄在四年半以下；VO(中档)，VOSP(较高档)，FOV(高档)——酒龄不低于四年半；EXTRA，NAPOLEAN(拿破仑)——酒龄不低于五年半；XO Club，特醇 XO 等——酒龄六年以上。

四、法国白兰地

1. 干邑(Cognac)

干邑，音译为"科涅克"，位于法国西南部，是波尔多北部夏朗德省境内的一个小镇。它是一座古镇，面积约10万公顷。干邑地区土壤非常适宜葡萄的生长和成熟,但由于气候较冷,葡萄的糖度含量较低(一般只有百分之十八、十九左右),故此,其葡萄酒产品很难与南方的波尔多地区生产的葡萄酒相比拟。在 17 世纪随着蒸馏技术的引进,特别是 19 世纪在法国皇帝拿破仑的庇护下,干邑地区一跃成为酿制葡萄蒸馏酒的著名产地。

1909 年,法国政府颁布酒法明文规定,只有在夏朗德省境内,干邑镇周围的 36 个县市所生产的白兰地方可命名为干邑(Cognac),除此以外的任何地区不能用"Cognac"一词来命名,而只能用其他指定的名称命名。这一规定以法律条文的形式确立了"干邑"白兰地的生产地位。正如英语的一句话:"All Cognac is brandy, but not all brandy is Cognac。"(所有的干邑都是白兰地,但并非所有的白兰地都是干邑)。这也就说明了干邑的权威性,干邑不愧为"白兰地之王"。

1938 年,法国原产地名协会和干邑同业管理局根据 AOC 法(法国原产地名称管制法)和干邑地区内的土质及生产的白兰地的质量和特点,将 Cognac 分为七个酒区:

酒区(英)	酒区(中)	级别
Grande Champagne Petite Champagne	大香槟区 小香槟区	头等区
Borderies	波鲁特利区(边林区)	二等区
Fin Bois Bon Bois Bois Ordinaires Bois A Terroir	芳波亚区(优质林区) 邦波亚区(良质林区) 波亚·奥地那瑞斯区(普通林区) 普通林区(普通适于种植葡萄的地区)	三等区

其中大香槟区仅占总面积的 3%,小香槟区约占 6%,两个地区的葡萄产量特别少。

根据法国政府规定,只有用大、小香槟区的葡萄蒸馏而成的干邑,才可称为"特优香槟干邑"(Fine Champagne Cognac),而且大香槟区葡萄所占的比例必须在 50% 以上。如果采用干邑地区最精华的大香槟区所生产的干邑白兰地,可冠以"Grande Champagne Cognac"字样。以上白兰地均属于干邑的极品。

干邑酿酒用的葡萄原料一般不使用酿制红葡萄酒的葡萄,而是选用具有强烈耐病性、成熟期长、酸度较高的圣·迪米里翁(Saint Emilion)、可伦巴尔(Colombar)、佛尔·布朗休(Folle Branehe)等三个著名的白葡萄品种。

干邑酒的特点:从口味上来看,干邑酒具有柔和、芳醇的复合香味,口味精细讲究。酒体呈琥珀色,清亮透明,酒度一般在 43°左右。

(1)干邑酒标签的标识含义

法国政府为了确保干邑白兰地的品质,对白兰地,特别是干邑地区白兰地的等级有着严格的规定。该规定是以干邑白兰地原酒的酿藏年数来设定标准,并以此为干邑白兰地划分等级的依据。

• VS(Very Superior)

VS 又叫三星白兰地,属于普通型白兰地。法国政府规定,干邑地区生产的最年轻的白兰地只需要 18 个月的酒龄。但厂商为保证酒的质量,规定在橡木桶中必须酿藏两年半以上。

• VSOP(Very Superior Old Pale)

属于中档干邑白兰地,享有这种标志的干邑至少需要 4 年半的酒龄。然而,许多酿造厂商在装瓶勾兑时,为提高酒的品质,适当加入了一定成分的 10~15 年的陈酿干邑白兰地原酒。

• Luxury Cognac 属于精品干邑

法国干邑多数大作坊都生产质量卓越的白兰地,这些名品有其特别的名称,如:Napoleon(拿破仑)、Cordon Blue(蓝带)、XO(Extra Old 特陈)、Extra(极品),等等。依据法国政府规定此类干邑白兰地原酒在橡木桶中必须酿藏六年半以上,才能装瓶销售。

(2)干邑白兰地的著名商标与产品

• Augier(奥吉尔,又称爱之喜),是由创立于 1643 年的奥吉·弗雷尔公司生产的干邑名品。该公司由皮耶尔·奥吉创立,是干邑地区历史最悠久的干邑酿造厂商之一,其酒瓶商标上均注有"The Oldest House in Cognac"字样,意为"这是科涅克老店",以表明其历史的悠久。等级品种分类有散发浓郁橡木香味的"三星"奥吉尔,还有用酿藏十二年以上的原酒调和勾兑的"VSOP"奥吉尔。

• Bisquit(百事吉),始创于 1819 年,经过一百八十余年的发展,现已成为欧洲最大的蒸馏酒酿造厂之一。品种有"三星""VSOP"(陈酿)、"Napoleon"(拿破仑)和"XO"(特酿)、"Bisquit Bubonche VSOP""百事吉·杜邦逊最佳陈年""Extra Bisquit"百事吉远年干邑以及现在在全球限量发售的"百事吉世纪珍藏"。

• Camus(卡慕,又称金花干邑或甘武士),由法国 Camus 公司出品,该公司创立于 1863 年,是法国著名的干邑白兰地生产企业。Camus 卡慕所产干邑白兰地均采用自家果园栽种的圣·迪米里翁(Saint Emilion)优质葡萄作为原料加以酿制混合而成,等级品种分类除"VSOP"(陈酿)、"Napoleon"(拿破仑)和"XO"(特酿)以外,还包括"Camus Napoleon Extra"卡慕特级拿破仑、"Camus Silver Baccarat"卡慕嵌银百家乐水晶瓶干邑、"Camus Limoges Book"卡慕瓷书(又分为 Blue book 蓝瓷书和 Burgundy Book 红瓷书两种）、"Camus Limoges Drum"卡慕瓷鼓、"Camus Baccarat Crystal Decanter"卡慕百家乐水晶瓶、"Camus Josephine"约瑟芬以及巴雷尔等多个系列品种。

● Courvosier(拿破仑，音译为"库瓦齐埃"，又称康福寿)，库瓦齐埃公司创立于 1790 年，该公司在拿破仑一世在位时，因献上自己公司酿制的优质白兰地而受到赞赏。在拿破仑三世时，它被指定为白兰地酒的承办商，是法国著名干邑白兰地。等级品种分类除三星、"VSOP"（陈酿）、"Napoleon"（拿破仑）和"XO"（特酿）以外，还包括 Courvoisier Imperiale 库瓦齐埃高级干邑白兰地、Courvoisier Napoleon Cognac 库瓦齐埃拿破仑干邑、Courvoisier Extra 库瓦齐埃特级以及"VOC 迪坎特"和限量发售的"耶尔迪"等。从 1988 年起，该公司将法国绘画大师伊德的七幅作品分别投影在干邑白兰地酒瓶上。作品中有关于葡萄园的，名为"葡萄树"；有名为"丰收"的，以少女手持葡萄在祥和的阳光下祝福，呈现一片富饶景象；有名为"精练"的，描述了蒸馏白兰地酒的过程；有名为"陈酿"的，以人们凝视橡木桶的陈年白兰地酒为画面，来表现拿破仑白兰地酒严格的熟化工艺；有名为"品尝"的，等等。这七幅画是伊德出于对拿破仑白兰地酒的热爱而特别为拿破仑干邑白兰地酒设计的。

● FOV(长颈)，由法国狄莫酒厂出产的 FOV 是干邑白兰地的著名品牌，凭着独特优良的酒质和其匠心独运的樽型，更成为人所共知的标记，因而得享"长颈"之名。长颈 FOV 采用上佳葡萄酿制，清冽甘香，带有怡人的原野香草气息。

● Hennessy(轩尼诗)，是由爱尔兰人 Richard Hennessy(轩尼诗・李察)于 1765 年创立的酿酒公司，是世界著名的干邑白兰地品牌之一。1860 年，该公司首家以玻璃瓶为包装出口干邑白兰地，在拿破仑三世时，该公司已经使用能够证明白兰地酒级别的星号。至目前，"轩尼诗"这个名字几乎已经成为白兰地酒的一个代名词。"轩尼诗"家族经过六代的努力，其产品质量不断提高，产品生产量不断扩大，已成为干邑地区最大的三家酿酒公司之一。名品有："轩尼诗 VSOP""拿破仑轩尼诗""轩尼诗 XO""Richard Hennessy 轩尼诗・李察"，以及"Hennessy Paradis 轩尼诗杯莫停"等。150 多年前，轩尼诗家族在干邑地区首先推出 XO 干邑白兰地品牌，并于 1872 年运抵中国上海，从而开始了轩尼诗公司在亚洲的贸易。

● Hine(御鹿)，以酿酒公司名命名。该公司创建于 1763 年。由于该酿酒公司一直由英国的海因家族经营和管理，因此，在 1962 年被英国伊丽莎白女王指定为英国王室酒类承办商。在该公司的产品中，"古董"是圆润可口的陈酿；"珍品"是采用海因家族秘藏的古酒制成。

● Larsen(拉珊)，拉珊公司是由挪威籍的詹姆士・拉森于 1926 年创立。该品牌干邑产品，除一般玻璃瓶装的拉珊 "VSOP"（陈酿）、"Napoleon"（拿破仑）和

"XO"(特酿)和 Extra 等多个类型以外,还有享誉全球的以维京帆船为包装造型的玻璃瓶和瓷瓶系列。拉珊干邑白兰地全部产品均采用大、小香槟区所产原酒加以调和勾兑酿制而成,具有圆润可口的风味,为干邑地区所产干邑白兰地的上品。

● Martell(马爹利),马爹利以酿酒公司名命名。该公司创建于 1715 年,创始人尚·马爹利,自公司创建以来一直由马爹利家族经营和管理,并获得"稀世罕见的美酒"之美誉。该公司的"三星"使顾客领略到芬芳甘醇的美酒及大众化的价格;该公司的"VSOP"(陈酿)长时间以"Medaillon"(奖章)的别名问世,具有轻柔口感,是世界上酒迷喜爱的产品;"Cordon Ruby"(红带)是酿酒师们从酒库中挑选各种的白兰地酒混合而成;Napoleon(拿破仑)被人们称为是"拿破仑中的拿破仑",是白兰地酒中的极品;"Cordon Blue"(蓝带)口感圆润、气味芳香。

● Remy Martin(人头马),以酿酒公司名命名。"人头马"是以其酒标上人头马身的希腊神话人物造型为标志而得名的。该公司创建于 1724 年,是著名的、具有悠久历史的酿酒公司,创始人为雷米·马丁。该公司选用大小香槟区的葡萄为原料,以传统的小蒸馏器进行蒸馏,品质优秀,因此被法国政府冠以特别荣誉名称 Fine Champagne Cognac(特优香槟区干邑)。该公司的拿破仑不是以白兰地酒的级别出现的,而是以商标出现,酒味刚烈。"Remy Martain Special"(人头马卓越非凡)口感轻柔、口味丰富,采用六年以上的陈酒混合而成。"Remy Martain Club"(人头马俱乐部)有着淡雅和清香的味道。"XO"(特别陈酿)具有浓郁芬芳的特点。另外还有干邑白兰地中高品质的代表"Louis XIII"(路易十三),该酒是用前 275 年到前 75 年前的存酒精酿而成。做一瓶酒要历经三代酿酒师。酒的原料采用法国最好的葡萄产区"大香槟区"最上等的葡萄;而"路易十三"的酒瓶,则是纯手工制作的水晶瓶,据称"世界上绝对没有两只完全一样的路易十三酒瓶"。

● Otard(豪达),由英国流亡法国的约翰·安东尼瓦努·奥达尔家族酿制生产的著名法国干邑白兰地。品种有三星、"VSOP"(陈酿)、"Napoleon"(拿破仑)和"XO"(特酿)、Otard France Cognac 豪达法兰西干邑、Otard Cognac Napoleon 豪达干邑拿破仑和马利亚居以及 Otard 豪达干邑白兰地的极品法兰梭瓦一世·罗伊尔·巴斯特等多种类型。

● Louis Royer(路易老爷,又称路易·鲁瓦耶),1853 年由路易·鲁瓦耶在雅尔纳克的夏朗德河畔建立,其先后历经四代。到了 1989 年,公司被日本三得利(Suntory)所收购。商标的标识是一只蜜蜂。几乎所有产品都是供出口的(法国只占 1%),主要销往欧洲、中国、新加坡和韩国。

此外,还有 A·Hardy(阿迪)、Alain Fougerat(阿兰·富热拉)、A·Riffaud(安·利佛)、A·E·Audry(奥德里)、Charpentron(夏尔庞特隆,也称耶罗)、Chateau Montifaud(芒蒂佛城堡)、Croizet(克鲁瓦泽)、Deau(迪奥)、Delamain(德拉曼,也称得万

利)、Dompierre(杜皮埃尔)、Duboigalant(多布瓦加兰)、Exshaw(爱克萧)、Gaston de Largrance〔加斯顿·德·拉格朗热(醇金马)〕Louis Royer(路易老爷)、Maison Guerbe(郁金香)、Meukow(缪克)、Moyet(慕瓦耶)、J·Normandin – Mercier(诺曼丁·梅西耶)、Planat(普拉纳)、P·Frapin(弗拉潘)、Pierre Ferrand(皮埃尔·费朗)等众多干邑品牌。

2. 雅文邑(Armagnac)

雅文邑,音译为"阿曼涅克"。雅文邑是法国出产的白兰地酒中仅次于干邑白兰地酒产地。雅文邑位于法国加斯克涅地区(Gascony),在波尔多地区以南 100 英里处,根据法国政府颁布的原产地名称法的规定,只有产自法国西南部的雅文邑(Armanac)、吉尔斯县(Gers)以及兰德斯县、罗耶加伦等法定生产区域外,一律不得在商标上标注雅文邑的名称,而只能标注白兰地。雅文邑是法国最古老的白兰地,对于其最早的记载出现在 1310 年,比干邑还要早 100 多年。曾经,雅文邑也是十分畅销的酒类,但由于其位置刚好处于法国内陆、大西洋和地中海之间,离两者却都有距离,因此不具备优越的出口条件。时至今日,雅文邑产区每年只有一半的产品用于出口。

雅文邑产区主要包括 3 大子产区,分别是下雅文邑(Bas Armagnac)、泰纳雷泽(Tenareze)和上雅文邑(Haut Armagnac)。

雅文邑最常见的 4 种葡萄是白玉霓(UgniBlanc)、巴科(Baco)、白福儿(Folle Blanche)和鸽笼白(Colombard)。

(1)雅文邑的生产工艺及特点

雅文邑酒在酿制时,也大多采用圣·迪米里翁(Saint Emilion)、佛尔·布朗休(Folle Branehe)等著名的葡萄品种。采用独特的半连续式蒸馏器蒸馏一次,蒸馏出的雅文邑白兰地酒像水一样清澈,并具有较高的酒精含量,同时含有挥发性物质,这些物质构成了雅文邑白兰地酒独特的口味。但是从 1972 年起,雅文邑白兰地酒的蒸馏技术开始引进二次蒸馏法的夏朗德式蒸馏器,使得雅文邑白兰地酒的酒质变得轻柔了许多。

雅文邑白兰地酒的酿藏采用的是当地卡斯可尼出产的黑橡木制作的橡木桶。酿藏期间一般将橡木酒桶堆放在阴冷黑暗的酒窖中,酿酒商根据市场销售的需要勾兑出各种等级的雅文邑白兰地酒。一般上市销售的雅文邑白兰地酒的酒精度为 40°左右。

相比干邑的风味特点,雅文邑香气更加突出,酒体更加丰满,风格也更加多样。典型的雅文邑带有干果的香气(梅干、葡萄干和无花果)。喝起来的感觉比干邑味道更乡村、质朴或说是酒精更粗糙一点。其酒色大多呈琥珀色,色泽度深暗而带有光泽。

雅文邑可以单独饮用,也可以搭配其他食物,比如鹅肝、野菇芝士派、苹果派和巧克力。雅文邑也可以作为餐后酒;雅文邑在冰镇后或加冰块及水品尝,配上雪茄也是不错的选择。

(2)雅文邑的分级

根据基酒陈年时间的不同,雅文邑分为以下不同的等级:

①Blanche:即未陈年的雅文邑。

②VS(Very Special):最年轻的酒液在橡木桶中陈年至少 1 年。

③VSOP(Very Superior Old Pale):最年轻的酒液在橡木桶中陈年至少 4 年。

④Napoleon:最年轻的酒液在橡木桶中陈年至少 6 年。

⑤XO, Hors d'age:最年轻的酒液在橡木桶中陈年至少 10 年。

⑥Age Indicated:酒标上标示了最年轻的酒液的"年龄"。

⑦Vintages:所有的酒液都来自酒标所标示的年份,酒液至少在橡木桶中陈年10 年。年份酒是雅文邑所特有的,是酒类里的"高级定制"。

政府立法规定,如果雅文邑酒的酒标上注明了酒酿成的年份,它表示的是将酒进行蒸馏的年份而不是葡萄收获的年份,生产商还要注明佳酿雅文邑从桶中转移到玻璃瓶的年限。所用佳酿的雅文邑酒必须在酒标上注明生产的年限,不与其他年份的雅文邑相混合。为了保证质量,佳酿的雅文邑必须储藏 10 年以上才能出售。

一般来说,雅文邑酒在木桶中储存的时间越长,它的口感和柔滑度越好,但如果超过 40 年,酒精和水分蒸发得太多,酒会变得很黏稠。

(3)雅文邑的著名商标与产品

Chabot(夏博),产自雅文邑地区加斯科尼省的法国著名的雅文邑白兰地酒,目前在雅文邑白兰地当中,夏博的销售量始终居于首位。种类有"VSOP"(陈酿)、"Napoleon"(拿破仑)和"XO"(特酿)以及 Chabot Blason D'or(夏博金色徽章)和Chabot Extra Old(特级夏博陈雅文邑)。

Saint·Vivant(圣·毕旁),其以酿酒公司名命名。创建于1947 年,生产规模排名在雅文邑地区的第四位。该公司"VSOP"(陈酿)、"Napoleon"(拿破仑)和"XO"(特酿)等销往世界许多国家均受到好评。该酒酒瓶较为与众不同,其设计采用 16 世纪左右吹玻璃的独特造型而著名,瓶颈呈倾斜状,在各种酒瓶中显得非常特殊。

Sauval(索法尔),以酿酒公司名命名。该产品以著名白兰地酒生产区(泰那雷斯)生产的原酒制成,品质优秀,其中拿破仑级产品混合了 5 年以上的原酒,属于该公司的高级产品。

Caussade(库沙达),商标全名为 Marquis de Caussade,因其酒瓶上会有蓝色蝴蝶图案,故又名蓝蝶雅文邑,该酒的分类等级除了"VSOP"(陈酿)和"XO"(特酿)以外,还以酒龄来划分为 Caussade 12 年、Caussade 17 年、Caussade 21 年和 Caussade 30 年等多个种类。

Carbonel(卡尔波尼),由位于雅文邑地区诺卡罗城的 CGA 公司出品,该公司创立于 1880 年,在 1884 年以瓶装酒的形式开始上市销售。一般的雅文邑只经过一次蒸馏出酒,而该酒则采取两次蒸馏,因此该酒的口味较为细腻、丰富。常见的级别类型有:"Napoleon"(拿破仑)和"XO"(特酿)等。

Castagnon(卡斯塔奴,又称骑士雅文邑),是卡尔波尼的姊妹品,也是由位于雅文邑地区诺卡罗城的 CGA 公司出品的,Castagnon 卡斯塔奴采用雅文邑各地区的原酒混合配制而成。分为水晶瓶"XO"(特酿)、Castagnon Black Bottle(黑骑士)、Castagnon White Bottle(白骑士)等多种。

除此之外,还有 Castelfort(卡斯蒂尔佛特)、Sempe(尚佩)、Marouis De Montesquiou(孟德斯鸠)、De Malliac(迪·马利克)、Francis Darroze(法兰西斯·达罗兹)等众多品牌。

3. 法国白兰地(Franch Brandy)

除干邑和雅文邑以外的任何法国葡萄蒸馏酒都统称为白兰地。这些白兰地酒在生产、酿藏过程中,政府没有太多的硬性规定,一般不需经过太长时间的酿藏,即可上市销售,其品牌种类较多,价格也比较低廉,质量不错,外包装也非常讲究,在世界市场上很有竞争力。法国白兰地,在酒的商标上常标注"Napoleon"(拿破仑)和"XO"(特酿)等以显示其级别。其中以标注"Napoleon"(拿破仑)的最为广泛,但这种标示与实际酒龄酒质无多大关系,法国葡萄白兰地一般在木桶中储存 2~3 年就可以装瓶出售了。

较好的品牌有:巴蒂尼(Bardinet)法国产销量最大的法国白兰地,同时也是世界各地免税商店销量最多的法国白兰地之一,其品牌创立于 1857 年。

Choteau(喜都)、Courriere(克里耶尔)等,以及在我国酒吧常见的富豪、大将军等法国白兰地。

五、其他国家的白兰地

1. 美国白兰地(American Brandy)

美国白兰地以加利福尼亚州的白兰地为代表。大约 200 多年以前,加州就开始蒸馏白兰地。到了 19 纪中叶,白兰地已成为加州政府葡萄酒工业的重要附属产品。其制造方式现在均采用连续式蒸馏器,故其风味是属于轻淡类型的。

美国酒法规定白兰地的酒龄一般是 2~4 年,也有 8 年陈年白兰地上市。美国出产的白兰地可分三类:第一种是佐餐酒;第二种是高级白兰地;第三种是烈性白兰地。在美国除了加州出产白兰地以外,其他如新泽西、纽约、华盛顿等地区也出产白兰地。

主要品牌有:E&J、Christian Brothers(克利斯丁兄弟)、Guild(吉尔德)等。

2. 西班牙白兰地(Spanish Brandy)

西班牙是欧洲最早出现蒸馏酒的国家之一。中世纪时期,统治西班牙的摩尔人的炼金术士发现了蒸馏酒的方法。不过,现代意义上的白兰地生产则是从近代才开始的。

西班牙白兰地的制造方式是采用连续式的蒸馏器生产。西班牙人将雪利酒作为原料酒来生产白兰地,将雪利酒蒸馏后,再用曾经盛装过雪利酒的橡木桶贮陈,酿制出来的白兰地的口味与法国干邑和雅邑白兰地大不相同,具有较显著的甜味和土壤气息。

西班牙白兰地主要被用来作为生产杜松子酒和香甜酒的原料。主要品牌有:Carlos(卡罗斯)、Conde de Osborne(奥斯彭)、Fundador(芬达多)、Magno(玛格诺)、Soberano(索博阿诺)、Terry(特利)等。

3. 意大利白兰地(Italian Brandy)

意大利是生产和消费大量白兰地的国家之一,同时也是出口白兰地最多的国家之一。名品有:Buton(布顿)、Stock(斯托克)、Vecchia Romagna(维基亚·罗马尼亚)等。

4. 德国白兰地(German Brandy)

莱茵河地区是德国白兰地的生产中心,其著名的品牌有:Asbach(阿斯巴赫)、Goethe(葛罗特)和Jacobi(贾克比)等。

5. 南非白兰地(South African Brandy)

南非是全球白兰地出产最多的国家之一,其白兰地产区从好望角东北方七十里开始,一直延续到中部地区。南非目前已经成为世界第五大白兰地生产国,白兰地已成为南非的国酒之一。KWV白兰地之家(KWV House of Brandy)的Van Ryn Brandy酒窖是世界上最大的白兰地酒窖。

南非葡萄的种植始于1655年,由一位荷兰(Netherlands)人从欧洲大陆带来葡萄种之后开始的。南非的白兰地生产工艺有其独特之处,先是以单式蒸馏器蒸馏,然后将这样蒸馏出的酒贮存3年后,再拿来和连续式蒸馏器蒸馏出的酒混合调制而成。

南非每年酿造六千万加仑的白兰地。10%销往国外,主要对象是加拿大,马来西亚、英国、南非和德国等国家,其中英国是最大的进口国。

6. 葡萄牙白兰地(Portugal Brandy)

葡萄牙白兰地也是用雪利酒蒸馏而成的,与西班牙白兰地十分相似。葡萄牙最初生产的白兰地目的是为其甜葡萄酒的生产而服务的。后来,为使葡萄酒和白兰地的生产各司其职,葡萄牙政府就制定了一项法令:生产甜葡萄酒的产区不准生产白兰地,白兰地由专门产地生产,专门生产的白兰地高产质优,深受欢迎。

除以上生产白兰地的国家外,还有希腊的 Metaxa(梅塔莎)、亚美尼亚的 Noyac(诺亚克)、加拿大的 Ontario(安大略小木桶)、Guild(基尔德)等国家生产质量较好的白兰地。我国在 1915 年巴拿马万国博览会上获得金奖的张裕金奖白兰地也是比较好的白兰地品牌之一。

六、其他水果白兰地

1. 苹果白兰地(Apple Brandy)

苹果白兰地是将苹果发酵后压榨出苹果汁,再加以蒸馏酿制而成的一种水果白兰地酒。它的主要产地在法国的北部和英国、美国等世界许多苹果的生产地。美国生产的苹果白兰地酒被称为"Apple Jack",需要在橡木桶中陈酿五年才能销售。加拿大称为"Pomal",德国称为"Apfelschnapps"。而世界最为著名的苹果白兰地酒是法国诺曼底的卡尔瓦多斯生产的,被称为"Calvados"。该酒色泽呈琥珀色,光泽明亮发黄,酒香清芬,果香浓郁,口味微甜,酒度在 40°~50°。一般法国生产的苹果白兰地酒需要陈酿十年才能上市销售。

苹果白兰地的著名品牌:Chateau Du Breuil(布鲁耶城堡)、Boulard(布拉德)、Dupont(杜彭特)、Roger Groult(罗杰·古鲁特)等。

2. 樱桃白兰地(Kirsch Brandy)

这种酒使用的主原料是樱桃,酿制时必须将其果蒂去掉,将果实压榨后加水使其发酵,然后经过蒸馏、酿藏而成。樱桃白兰地澄清透明有光泽,香气纯正,口感清新。北欧国家酿制的樱桃白兰地(Kirsch)在酿制过程中一般不用橡木桶来熟成,因此其酒液如水一般澄清透彻。这种白兰地最好是放入冰箱冷冻后饮用,这样酒液就如油状般浓稠。它的主要产地在法国的阿尔沙斯(Alsace)、德国的斯瓦兹沃特(Schwarzwald)、瑞士和东欧等地区。

3. 西洋梨白兰地(Pear Brandy)

这种白兰地以梨为原料,榨汁后进行发酵,酒精度为 43°~45°。非常有名的威廉梨酒(Poire William)无色透明,清亮光润,香气四溢,久时放在瓶中的成梨颜色往往新鲜如初。

4. 李子白兰地(Plum Brandy)

按照李子的不同,该类白兰地还可分为蓝李白兰地和黄李白兰地等。此类白兰地的外观及口感,根据李子的品种差异而有所不同。

5. 覆盆子白兰地(Raspberry Brandy)

此白兰地以覆盆子为原料,先浸入食用酒精,再蒸馏而成。这类白兰地无色透明,果香十分浓烈,酒精度在 40° 左右,以法国阿尔萨斯和德国的酒品最为出名。

6. 玛克白兰地(Marc Brandy)

"Marc" 在法语中是指渣滓的意思,所以,很多人又把此类白兰地酒称为葡萄渣白兰地。它是将酿制红葡萄酒时经过发酵后过滤掉的酒精含量较高的葡萄果肉、果核、果皮残渣再度蒸馏,所提炼出的含酒精成分的液体,再在橡木桶中酿藏生产而成蒸馏酒品。在法国许多著名的葡萄酒产地都有生产,其中以 Bourgogne 勃艮第、Champagne 香槟、Alsace 阿尔萨斯等生产的较为著名。Bourgogne 勃艮第是玛克白兰地的最著名产区,该地区所产玛克白兰地在橡木桶中要经过多年陈酿,最长的可达十余年之久。Champagne 香槟地区与其相比就稍有逊色,而 Alsace 阿尔萨斯地区生产的玛克白兰地则不需要在橡木桶中陈酿,因此该酒具有强烈的香味和无色透明的特点,此外阿尔萨斯地区生产的玛克白兰地要在冰箱中冰镇后方可饮用。

玛克白兰地著名的品牌有:Domaine Pierre(Marc de Bourgogne)皮耶尔领地、Camus(Marc de Bourgogne)卡慕、Massenez 玛斯尼(阿尔萨斯玛克)、Dopff 德普(阿尔萨斯玛克)、Leon Beyer 雷翁·比尔(阿尔萨斯玛克)、Gilbert Miclo 吉尔贝特·米克(香槟玛克)等。

在意大利葡萄渣白兰地被称为 Crappa 格拉帕,一共有两千多个品牌,而且大部分酿制厂商都集中在意大利北部生产,采用单式蒸馏器进行蒸馏酿制。格拉帕分为普及品和高级品两种类型,普及品由于没有经过陈酿,色泽为无色透明状;高级品一般要经过一年以上橡木桶中陈酿,因此色泽略带黄色。

格拉帕著名的品牌有:Ania(安妮)、Capezzana(卡佩扎纳)、Barbaresco(巴巴斯哥)、Nardini(纳尔迪尼)、Reimandi(瑞曼迪)等。

另外,在世界各地还有许多以其他水果为原料酿制而成的白兰地酒,如李子白兰地酒、苹果渣白兰地酒等。

七、白兰地酒标上的含义

在干邑地区,干邑白兰地的标示都采用较高的陈年标准:

①★   陈酿 3 年

②★★   陈酿 4 年

③★★★   陈酿 5 年

④VO(Very Old)   陈酿 10 ~ 12 年

⑤VSO(Very Superior Old)   陈酿 12 ~ 20 年

⑥VSOP(Very Superior Old Pale) 陈酿 20 ~ 40 年

⑦FOV   陈酿 30 ~ 50 年

⑧XO（Extra Old）　　　　　　　陈酿不少于 50 年

⑨X　　　　　　　　　　　　　　陈酿 70 年

好的白兰地是由不同酒龄的酒勾兑而成的,上述标示是指勾兑酒中最起码的年份。白兰地的酒标经常出现以下的英文缩写,用来说明酒质与酒龄,如:

V – Very（非常的）　　　　　　　S – Superior（特别的）

O – Old（老的）　　　　　　　　P – Pale（淡的）

X – Extra（极品的）　　　　　　F – Fine（好的）

E – Especial（特好的）　　　　　C – Cognac（干邑）

A – Armagnac（雅文邑）

Fine Champagne Cognac（特优香槟干邑）,用大、小香槟区的葡萄蒸馏而成的干邑,而且大香槟区葡萄所占的比例必须在 50% 以上。

Grande Champagne Congnac（干邑极品）,采用干邑地区最精华的大香槟区所生产的干邑白兰地,这种白兰地均属于干邑的极品。

八、白兰地酒的服务

1. 白兰地酒的品尝

品尝或饮用白兰地的酒杯,最好是大肚形球杯。这种杯形,能使白兰地的芳香成分缓缓上升。品尝白兰地时,斟酒不能太多,至多不超过杯容量的 1/4,要让杯子留出足够的空间,使白兰地芳香在此萦绕不散。这样就能使品尝者对白兰地中的长短不同、强弱各异、错落有致的各种芳香成分,进行仔细分析、鉴赏。

品尝白兰地的第一步:举杯齐眉,观察白兰地的清度和颜色。上好的白兰地应该澄清晶亮、有光泽。

品尝白兰地的第二步:闻白兰地的香气。白兰地的芳香成分是非常复杂的,既有优雅的葡萄香,又有浓郁的橡木香,还有在蒸馏过程和贮藏过程中产生的酯香和陈酿香。由于人的嗅觉器官特别灵敏,所以当鼻子接近玻璃杯时,就能闻到一股优雅的芳香,这是白兰地的前香。然后轻轻摇动杯子,这时散发出来的是白兰地特有的醇香,像椴树花、葡萄花、干的葡萄嫩枝、压榨后的葡萄渣、紫罗兰、香草,等等。这种香很细腻,优雅浓郁,是白兰地的后香。

品尝白兰地的第三步:入口品尝。白兰地的香味成分很复杂。有乙醇的辛辣味,有单糖的微甜味,有单宁多酚的苦涩味及有机酸成分的微酸味。好的白兰地,酸甜苦辣的各种刺激相互协调,相辅相成,一经沾唇,醇美无瑕,品味无穷。舌面上的味蕾,口腔黏膜的感觉,可以鉴定白兰地的质量。品酒者饮一小口白兰地,让它在口腔里扩散回旋,使舌头和口腔广泛地接触、感受它,品尝者可以体察到白兰地的奇妙的酒香、滋味和特性:协调、醇和、甘洌、沁润、细腻、丰满、绵延、纯正……

2.饮用场合

一般作为餐后酒,也可在休闲时饮用。

3.饮用标准分量

酒吧标准用量是25ml(或1盎司)一份。

4.饮用载杯

大肚球形杯。

5.白兰地的饮用方法

(1)净饮:将1盎司的白兰地倒入白兰地酒杯中,饮用时,用手心温度将白兰地稍微温一下,让其香气挥发,慢慢品饮。

(2)加冰块饮用:将少量冰块放进白兰地酒杯中,再放1盎司白兰地。

(3)加水饮用:可加冰水或汽水。

第二节　威士忌酒

威士忌酒(Whisky)是一种由大麦等谷物酿制,在橡木桶中陈酿多年后,调配成43°左右的烈性蒸馏酒。英国人称之为"生命之水"。

一、威士忌的起源与发展

威士忌这个词来自苏格兰古语,意为生命之水(Water of Life)。威士忌的由来传说是:中世纪的炼金术士们在炼金的同时,偶然发现制造蒸馏酒的技术,随后把这种可以焕发激情的酒味以拉丁语命名为 Aqua – Vitae(生命之水)。随着蒸馏技术传遍欧洲各地,Aqua – Vitae 被译成各地语言,其意指蒸馏酒。生命之水漂洋过海辗转传至古爱尔兰,将当地的麦酒蒸馏之后,生产出的酒性强烈饮料,称为Visge – beatha,这是公认的威士忌的起源,也是其名称的由来。

有关苏格兰威士忌最早的文字记录是在1494年,当时的修道士约翰·柯尔(John Cor)购买了8筛麦芽,生产出了35箱威士忌。当然,可以肯定的是,威士忌的诞生远远早于1494年。

12世纪,爱尔兰岛上已有一种以大麦作为基本生产原料的蒸馏酒,其蒸馏方法是从西班牙传入爱尔兰的。这种酒含芳香物质,具有一定的医药功能。

1494年的苏格兰文献"财政簿册"上,曾记载过苏格兰人蒸馏威士忌的历史。19世纪,英国连续式蒸馏器的出现,使苏格兰威士忌进入了商业化的生产。

1534—1535年,来自英格兰的新教徒毁掉了几乎所有的修道院,那些修道士们只能靠教人读书写字为生。但奇怪的是,当地人对酿造威士忌的技术似乎更感兴趣,他们很快就把这个技术发扬光大了。不过,那时候的威士忌主要是用来作为一种抵御严寒的药水。

到 1644 年,官方开始对威士忌征税,高额税收导致了非法蒸馏和走私。由于苏格兰低地的酒厂地址明显,很难躲避税收官员的检查,但由于必须支付税款,它们只能在生产中偷工减料,以降低成本。也就是从那时起,低地的酒厂就留下了一个坏名声。而与此相反的是,高原酒厂易于藏匿,它们可以更好地发展酿造技术。因此现在在苏格兰地区,高原有将近 100 家酒厂,而低地只有 4 家。

1171 年,英国国王亨利二世(Henry II,1154—1189)在位,举兵入侵爱尔兰,并将这种酒的酿造方法带到了苏格兰;当时,居住在苏格兰北部的盖尔人(Gael)称这种酒为"Uisge Beatha",意为"生命之水"。这种"生命之水"即为早期威士忌的雏形。

1700 年以后,居住在美国宾夕法尼亚州和马里兰州的爱尔兰和苏格兰移民,开始在那里建立起家庭式的酿酒作坊,从事蒸馏威士忌酒。随着美国人向西迁移,1789 年,欧洲大陆移民来到了肯塔基州的波本镇(Bourbon County),开始蒸馏威士忌。这种酒后来被称为"肯塔基波本威士忌"(Kentucky Bourbon Whiskey),以其优异的质量和独特的风格成为美国威士忌的代名词。

1823 年,乔治五世到访苏格兰,更改了税收法律,使得合法生产威士忌也可以获得利润;同时在 1834 年,一种能够大幅提高产量的 Coffey 蒸馏器被发明,威士忌获得了更大的发展空间。苏格兰威士忌到达了它的繁荣时代,很多新酒厂建立起来,如:格兰菲迪酒厂(1886 年),百闻尼酒厂(1892 年)等。

欧洲移民把蒸馏技术带到了美国,同时也传到了加拿大。1857 年,家庭式的"施格兰"(Seagram)酿酒作坊在加拿大安大略省建立,从事威士忌的生产。1920年,山姆·布朗夫曼(Samuel Bronfman)接掌"施格兰"的业务,创建了施格兰酒厂(House of Seagram)。他利用当地丰富的谷物原料及柔和的淡水资源,生产出优质的威士忌,产品行销世界各地。如今,加拿大威士忌以其酒体轻盈的特点,成为世界上配制混合酒的重要基酒。

19 世纪下半叶,日本受西方蒸馏酒工艺的影响,开始进口原料酒进行调配威士忌。1933 年,日本三得利(Suntory)公司的创始人乌井信治郎开始在京都郊外的山崎县建立了第一座生产麦芽威士忌的工厂。从那时候起,日本威士忌逐渐发展起来,并成为国内大宗的饮品之一。

二、威士忌酒的酿制工艺

1. 发芽(Malting)

首先将去除杂质后的麦类(Malt)或谷类(Grain)浸泡在热水中使其发芽,其间所需的时间视麦类或谷类品种的不同而有所差异,但一般而言需要一周至两周的时间来进行发芽,待其发芽后再将其烘干或使用泥煤(Peat)熏干,等冷却后再储存大约一个月的时间,发芽的过程才算完成。在这里特别值得一提的是,在所有的威士忌中,只有苏格兰地区所生产的威士忌是使用泥煤将发芽过的麦类或谷类熏干的,因此就赋予了苏格兰威士忌一种独特的风味,即泥煤的烟熏味,而这是其他种类的威士忌所没有的特色。

2. 磨碎(Mashing)

将存放一个月的发芽麦类或谷类放入特制的不锈钢槽中加以捣碎并煮熟成汁,其间需要 8 至 12 个小时。通常在磨碎的过程中,温度及时间的控制相当重要,过高的温度或过长的时间都将会影响到麦芽汁(或谷类的汁)的品质。

3. 发酵(Fermentation)

将冷却后的麦芽汁加入酵母菌进行发酵,由于酵母能将麦芽汁中醣转化成酒精,因此在完成发酵过程后会产生酒精浓度约5% ~6% 的液体,此时的液体被称为"Wash"或"Beer"。由于酵母的种类很多,这对发酵过程的影响也不尽相同,因此不同的威士忌品牌都将其使用的酵母种类及数量视为商业机密,不轻易告诉外人。一般来讲,在发酵的过程中,威士忌厂会使用至少两种以上不同品种的酵母来进行发酵,最多也有使用十几种不同品种的酵母混合在一起来进行发酵的。

4. 蒸馏(Distillation)

一般而言,蒸馏具有浓缩的作用,因此当麦类或谷类经发酵后所形成的低酒精度的"Beer"后,还需要经过蒸馏的步骤才能形成威士忌酒,这时的威士忌酒精浓度在60% ~70%,被称为"新酒"。麦类与谷类原料所使用的蒸馏方式有所不同,由麦类制成的麦芽威士忌采取单一蒸馏法,即以单一蒸馏容器进行二次的蒸馏过程,并在第二次蒸馏后,将冷凝流出的酒去头掐尾,只取中间的"酒心"(Heart)部分作为威士忌新酒。另外,由谷类制成的威士忌酒则是采取连续式的蒸馏方法,使用两个蒸馏容器以串联方式一次连续进行两个阶段的蒸馏过程,基本上各个酒厂在筛选"酒心"的量上,并无统一的比例标准,完全是依各酒厂的酒品要求自行决定。一般各个酒厂取"酒心"的比例多掌握在60% ~70%,也有的酒厂为制造高品质的威士忌酒,取其纯度最高的部分来使用。如:享誉全球的麦卡伦(Macallan)单一麦芽威士忌即是如此,即只取17%的"酒心"来作为酿制威士忌酒的新酒使用。

5. 陈年(Maturing)

蒸馏过后的新酒必须要经过陈年的过程,使其经过橡木桶的陈酿来吸收植物的天然香气,并产生出漂亮的琥珀色,同时亦可逐渐降低其高浓度酒精的强烈刺激感。目前在苏格兰地区有相关的法令来规范陈年的酒龄时间,即每一种酒所标示的酒龄都必须是真实无误的,苏格兰威士忌酒至少要在木酒桶中贮藏三年以上,才能上市销售。有了这样的严格规定,一方面可保障消费者的权益,更为苏格兰地区出产的威士忌酒在全世界建立起了高品质的形象。

6. 混配(Blending)

由于麦类及谷类原料的品种众多,因此所制造而成的威士忌酒也存在着各不相同的风味,这时就靠各个酒厂的调酒大师依其经验和本品牌酒质的要求,按照一定的比例搭配各自调配勾兑出与众不同口味的威士忌酒,也因此各个品牌的混配过程及其内容都被视为是绝对的机密,而混配后的威士忌酒品质的好坏就完全由品酒专家及消费者来判定了。需要说明的是这里所说的"混配"包含两个含义,即谷类与麦类原酒的混配;不同陈酿年代原酒的勾兑混配。

7. 装瓶(Bottling)

在混配的工艺做完之后,最后剩下的就是装瓶了,但是在装瓶之前先要将混配好的威士忌再过滤一次,将其杂质去除掉,这时即可由自动化的装瓶机器将威士忌按固定的容量分装至每一个酒瓶当中,然后再贴上各厂家的商标后即可装箱出售。

三、威士忌酒的分类

1. 根据使用原料不同分

威士忌酒可分为纯麦威士忌酒、谷物威士忌酒、黑麦威士忌等。

2. 根据威士忌酒在橡木桶的贮存时间分

威士忌酒可分为数年到数十年不同年限的品种。

3. 根据酒精度

威士忌酒可分为40°~60°不同酒精度。

4. 根据生产地和国家的不同分

将威士忌酒分为苏格兰威士忌酒、爱尔兰威士忌酒、美国威士忌酒和加拿大威士忌酒四大类。其中尤以苏格兰威士忌酒最为著名。

四、威士忌主要生产地

1. 苏格兰威士忌(Scotch Whisky)

(1)酿造工艺

苏格兰纯麦威士忌的蒸馏,一般会分成两次。第一次是在大型的壶式蒸馏锅中进行,原酒经预热后导入到加热炉中加热至沸腾,因为酒精的沸点比水低,所以酒精会首先变成蒸汽蒸发出来,在加热炉顶部的天鹅颈(Swan Neck)重新凝结成酒精液体,冷凝后即得到了低度酒,酒精含量在10%~20%。第二次蒸馏是在一个较小型的壶式蒸馏锅中进行,这种蒸馏锅又称为烈酒蒸馏锅(Spirit Stills),经过这次蒸馏后的酒液,就成为了纯麦威士忌的雏形,酒精含量在70%左右。当然这些酒液还不能称为威士忌,因为苏格兰法律规定,威士忌蒸馏后必须至少陈酿3年。

(2)特点

苏格兰生产威士忌酒已有500年的历史,其产品有独特的风格,色泽棕黄带红,清澈透明,气味焦香,带有一定的烟熏味,具有浓厚的苏格兰乡土气息。苏格兰威士忌具有口感甘洌、醇厚、劲足、圆润、绵柔的特点,是世界上最好的威士忌酒之一。衡量苏格兰威士忌的主要标准是嗅觉感受,即酒香气味。

(3)分类

苏格兰威士忌可分为纯麦芽威士忌(Pure/Single Malt Whisky)、谷物威士忌(Grain Whisky)和混合威士忌(Blended Whisky)三种类型。

①纯麦芽威士忌(Pure/Single Malt Whisky)

只用大麦作原料酿制而成的蒸馏酒叫纯麦芽威士忌。纯麦芽威士忌是以在露天泥煤上烘烤的大麦芽为原料,用罐式蒸馏器蒸馏,一般经过两次蒸馏,蒸馏后所获酒液的酒精度达63.4°,入特制的炭烧过的橡木桶中陈酿,装瓶前用水稀释。此酒具有泥煤所产生的丰富香味。按规定,陈酿时间至少三年,一般陈酿五年以上的酒就可以饮用,陈酿七至八年的酒为成品酒,陈酿十年至二十年的酒为最优质酒。而陈酿二十年以上的酒,其自身的质量会有所下降。纯麦芽威士忌深受苏格兰人喜爱,但由于味道过于浓烈,所以只有10%直接销售,其余约90%作为勾兑混合威士忌酒时的原酒使用。所以很少外销。

著名品牌有:GlenIivet(格兰利菲特),Gardhu(卡尔都),Argyli(阿尔吉利),Britannia(不列颠尼亚),Glenfiddich(格兰菲蒂切),Highland(高地帕克),Macallan(马加兰),Tomatin(托玛亭),Spring Bank(斯布尔邦克)。

②谷物威士忌(Grain Whisky)

谷物威士忌采用多种谷物作为酿酒的原料,如燕麦、黑麦、大麦、小麦、玉米等。谷物威士忌只需一次蒸馏,主要以不发芽的大麦为原料,以麦芽为糖化剂生产的,它与其他威士忌酒的区别是,大部分大麦不发芽发酵。因此,也就不必使用大量的泥煤来烘烤,故成酒后谷物威士忌的泥炭香味也就相应少一些,口味上也就显得柔和细致了许多。谷物威士忌酒主要用于勾兑其他威士忌酒和金酒,市场上很少零售。

谷物威士忌的著名品牌有:Ben Nevis(本尼威斯)、Cambus(卡伯士)、Girvan(吉尔瓦恩)。

③混合威士忌(Blended Whisky)

混合威士忌又称兑合威士忌,是指用纯麦芽威士忌和混合威士忌掺兑勾和而成的。兑和是一门技术性很强的工作,威士忌的勾兑掺和是由兑和师掌握的。兑和时,不仅要考虑到纯麦芽威士忌和谷物威士忌酒液的比例,还要考虑到各种勾兑酒液陈酿年龄、产地、口味等其他特性。

兑和工作的第一步是勾兑。勾兑时,技师只用鼻子嗅,从不用口尝。遇到困惑时,把酒液抹一点在手背上,再仔细嗅别鉴定。第二步是掺和,勾兑好的剂量配方是保密的。按照剂量把不同的品种注入在混合器(或者通过高压喷雾)调匀,然后加入染色剂(多用饴糖),最后入桶陈酿贮存。兑和后的威士忌烟熏味被冲淡,嗅觉上更加诱人,融合了强烈的麦芽及细致的谷物香味,因此畅销世界各地。根据纯麦芽威士忌和谷物威士忌比例的多少,兑和后的威士忌依据其酒液中纯麦芽威士忌酒的含量比例分为普通(Common Blended Whisky)和高级(Deluxe Blended Whisky)两种类型。

一般来说,纯麦芽威士忌酒用量在50%~80%者,为高级兑和威士忌酒;如果谷类威士忌所占比重大,即为普通威士忌酒(纯麦威士忌的比例至少占20%)。

普通威士忌的著名品牌:Ballantine's Finest(特醇百龄坛)、Bell's(金铃威)、Johnnie Walker(红方威)、White Horse(白马威)、Long John(龙津威)、Teacher's(先生威)、J&B(珍宝)、Cutty Sart(顺凤威)、Vat69(维特)等。

高级威士忌的著名品牌:Ballantine's Gold Sed(金玺百龄坛)、Haig Dimple(高级海格)、Grant's(格兰)、Logan's(高级白马)、Johnnie Walker Black Lable(黑方威)、Strat Bconon(高级詹姆斯·巴切南)、Old Parr(老牌)、Chivas Regal(芝华士)、Chivas Regal Royal Salute(皇室敬礼)等。

(4)苏格兰盛产威士忌的原因

第一,苏格兰著名的威士忌酒产地的气候与地理条件适宜农作物大麦的生长。第二,在这些地方蕴藏着一种称为泥煤的煤炭,这种煤炭在燃烧时会发出阵阵特有的烟熏气味。泥煤是当地特有的苔藓类植物经过长期腐化和炭化形成的,在苏格兰制作威士忌酒的传统工艺中要求必须使用这种泥煤来烘烤麦芽。因此,苏格兰威士忌酒的特点之一就是具有独特的泥煤熏烤芳香味。第三,苏格兰蕴藏着丰富的优质矿泉水,为酒液的稀释勾兑奠定了基础。最后一点是,苏格兰人有着传统的酿造工艺及严谨的质量管理方法。

(5)四个主要威士忌酒产区

北部高地(Highland)、南部的低地(Lowland)、西南部的康贝镇(Campbeltown)和西部岛屿伊莱(Islay)。北部高地产区约有近百家纯麦芽威士忌酒厂,占苏格兰酒厂总数的70%以上,是苏格兰最著名的威士忌酒生产区。该地区生产的纯麦芽威士忌酒酒体轻盈,酒味醇香。

南部低地约有10家左右的纯麦芽威士忌酒厂。该地区是苏格兰第二个著名的威士忌酒的生产区。它除了生产麦芽威士忌酒外,还生产混合威士忌酒。

西南部的康贝镇位于苏格兰南部,是苏格兰传统威士忌酒的生产区。

西部岛屿伊莱风景秀丽,位于大西洋中。伊莱岛在酿制威士忌酒方面有着悠久的历史,生产的威士忌酒有独特的味道和香气,其混合威士忌酒比较著名。

2.爱尔兰威士忌(Irish Whiskey)

爱尔兰制造威士忌至少有700年的历史,有些权威人士认为威士忌酒的酿造起源于爱尔兰,以后传到苏格兰。爱尔兰人有很强的民族独立性,就连威士忌酒

(Whiskey)的写法上也与苏格兰威士忌酒(Whisky)有所不同。

爱尔兰威士忌酒的生产原料主要有:大麦、燕麦、小麦和黑麦等,以大麦为主,约占 80%。爱尔兰威士忌酒用塔式蒸馏器经过三次蒸馏,然后入桶老熟陈酿,一般陈酿时间在 8～15 年,所以成熟度相对较高。装瓶时,为了保证其口味的一惯性还要进行勾兑与掺水稀释。

过去为了逃避高得吓人的酒税,有不少爱尔兰人私开酒坊,所以人们常称爱尔兰威士忌为"炮厅威士忌"(Poteen Whiskey,"炮厅"是一种小型流动的甑)。

爱尔兰威士忌酒与苏格兰威士忌酒制作工艺大致相同,前者较多保留了古老的酿造工艺,麦芽不是用泥炭烘干,而是使用无烟煤。二者最明显的区别是爱尔兰威士忌没有烟熏的焦香味,口味比较绵柔长润。爱尔兰威士忌比较适合制作混合酒和与其他饮料掺兑共饮(如爱尔兰咖啡)。国际市场上的爱尔兰威士忌酒的度数在 40°左右。著名的品牌有:John Power and Sons(约翰·波尔斯父子),Old Bush Mills(老宝狮)、John Jameson and Son(约翰·詹姆斯父子),Paddy(帕蒂),Tullamore Dew(特拉莫尔露)等。

爱尔兰威士忌口味比较醇和、适中,所以人们很少用于净饮,一般用来作鸡尾酒的基酒。比较著名的爱尔兰咖啡(Irish Coffee),就是以爱尔兰威士忌为基酒的一款热饮。

其制法是:先用酒精炉把杯子温热,倒入少量的爱尔兰威士忌,用火把酒点燃,转动杯子使酒液均匀地涂于杯壁上,加糖、热咖啡搅拌均匀,最后在咖啡上加上鲜奶油,同一杯冰水配合饮用。

3. 美国威士忌(American Whiskey)

美国是生产威士忌酒的著名国家之一。同时也是世界上最大的威士忌酒消费国。据统计,美国成年人每人每年平均饮用 16 瓶威士忌酒,这是世界任何国家所不能比拟的。虽然美国生产威士忌酒的酿造仅有 200 多年的历史,但其产品紧跟市场需求,产品类型不断翻新,因此美国威士忌很受人们的欢迎。美国威士忌酒以优质的水、温和的酒质和带有焦黑橡木桶的香味而著名,尤其是美国的 Bourbon Whiskey 波旁威士忌(又称波本威士忌酒)更是享誉世界。

美国威士忌酒的酿制方法没有什么特殊之处,只是所用的谷物原料与其他各类威士忌酒有所区别,蒸馏出的酒酒精纯度也较低。美国西部的宾夕法尼亚州、肯塔基和田纳西地区是制造威士忌的中心。

美国威士忌可分为三大类:

(1)单纯威士忌(Straight Whiskey)

所用原料为玉米、黑麦、大麦或小麦,酿制过程中不混合其他威士忌酒或者谷类中性酒精,制成后需放入炭熏过的橡木桶中至少陈酿两年。另外,所谓单纯威士忌,并不像苏格兰纯麦芽威士忌那样,只用一种大麦芽制成,而是以某一种谷物为主(一般不得少于51%)再加入其他原料。单纯威士忌又可以分为四类:

①波本威士忌(Bourbon Whiskey)

波本是美国肯塔基州(Kentucky)的一个地名,所以波本威士忌,又称 Kentucky Stright Bourbon Whiskey,它是用51%～75%的玉米谷物发酵蒸馏而成的,在新的内壁经烘炙的白橡木桶中陈酿4～8年,酒液呈琥珀色,原体香味浓郁,口感醇厚绵柔,回味悠长,酒度为43.5°,波本威士忌并不意味着必须生产于肯塔基州波本县。按美国酒法规定,只要符合以下三个条件的产品,都可以用此名:第一,酿造原料中,玉米至少占51%;第二,蒸馏出的酒液度数应在40°～80°;第三,以酒度40°～62.5°贮存在新制烧焦的橡木桶中,贮存期在2年以上。所以伊利诺依、印第安纳、俄亥俄、宾夕法尼亚、田纳西和密苏里州也出产波本威士忌,但只有肯塔基州生产的才能称 Kentucky Straight Bourbon Whiskey。

②黑麦威士忌(Rye Whiskey)

也称裸麦威士忌,是用不少于51%的黑麦及其他谷物酿制而成的,酒液呈琥珀色,味道与波旁威士忌不同,具有较为浓郁的口感,因此不太受现代人的喜爱。主要品牌有:Old Overholt(老奥弗霍尔德)、Seagram's 7 Crown(施格兰王冠)。

③玉米威士忌(Corn Whiskey)

是用不少于80%的玉米和其他谷物酿制而成的威士忌酒,酿制完成后用旧炭木桶进行陈酿。主要品牌有:Platte Valley(普莱特·沃雷)。

④保税威士忌(Bottled in Bond)

这是一种纯威士忌,通常是波本威士忌或黑麦威士忌,但它是在美国政府监督下制成的,政府不保证它的品质,只要求至少陈酿4年,酒精纯度在装瓶时为50%,必须是一个酒厂制造,装瓶厂也为政府所监督。

(2)混合威士忌(Blended Whiskey)

这是用一种以上的单一威士忌,以及20%的中性谷类酒精混合而成的威士忌酒,装瓶时,酒度为40°,常用来作混合饮料的基酒,分为3种:

①肯塔基威士忌:是用该州所出的纯威士忌酒和谷类中性酒精混合而成的。

②纯混合威士忌:是用两种以上纯威士忌混合而成,但不加中性谷类酒精。

③美国混合淡质威士忌:是美国的一个新酒种,用不得多于20%的纯威士忌,和40℃的淡质威士忌混合而成的。

(3)淡质威士忌(Light Whiskey)

是美国政府认可的一种新威士忌酒,蒸馏时酒精纯度高达80.5°～94.5°,用旧桶陈年。淡质威士忌所加的50°的纯威士忌,不得超过20%。

除此之外,在美国还有一种称为 Sour – Mash Whiskey 的,这种酒是用老酵母

（即先前发酵物中取出的）加入到要发酵的原料里（新酵母与老酵母的比例为1∶2），进行发酵，然后再蒸馏而成的。用此种发酵方法造出的酒，酒液比较稳定，多用于波本酒的生产。它是在 1789 年由 Elija Craig 发明的。

4. 加拿大威士忌（Canadian Whisky）

加拿大生产威士忌酒已有 200 多年的历史，其著名产品是稞麦（黑麦）威士忌酒和混合威士忌酒。在稞麦威士忌酒中稞麦（黑麦）是主要原料，占 51% 以上，再配以大麦芽及其他谷类组成，此酒经发酵、蒸馏、勾兑等工艺，并在白橡木桶中陈酿至少 3 年（一般达 4 ~ 6 年），才能出品。该酒口味细腻，酒体轻盈淡雅，酒度 40° 以上，特别适宜作为混合酒的基酒使用。加拿大威士忌酒在原料、酿造方法及酒体风格等方面与美国威士忌酒比较相似。

加拿大威士忌味道独特的原因，主要有以下几点：

（1）加拿大轻冷的气候影响谷物的质地；

（2）水质较好，发酵技术特别；

（3）蒸馏出酒后，马上加以兑和。

加拿大威士忌的名品有：Canadian Club（加拿大俱乐部），Segram's V. O（西格兰姆斯特醇），MeGuinness（米·盖伊尼斯），Schenley（辛雷）、Wiser's（怀瑟斯）、Canadian House（加拿大之家）等。

5. 日本威士忌（Japanese Whisky）

属苏格兰威士忌类型。生产方法采用苏格兰传统工艺和设备，从英国进口泥炭用于烟熏麦芽，从美国进口白橡木桶用于贮酒，甚至从英国进口一定数量的苏格兰麦芽威士忌原酒，专供勾兑自产的威士忌酒。日本威士忌酒按酒度分级，特级酒含酒精 43%（体积），一级酒含酒精 40%（体积）以上。

五、主要威士忌品牌

1. 苏格兰兑和威士忌

（1）百龄坛（Ballantine's），百龄坛公司创立于 1827 年，其产品是以产自于苏格兰高地的八家酿酒厂生产的纯麦芽威士忌为主，再配以四十二种其他苏格兰麦芽威士忌，然后与自己公司生产酿制的谷物威士忌进行混合勾兑调制而成。具有口感圆润，浓郁醇香的特点，是世界上最受欢迎的苏格兰兑和威士忌之一。主要产品有：特醇、金玺、12 年、17 年、30 年等。

（2）金铃（Bell's），是英国最受欢迎的威士忌品牌之一，由创立于 1825 年的贝尔公司生产。其产品都是使用极具平衡感的纯麦芽威士忌为原酒勾兑而成，产品有：Extra Special（标准品）、Bell's Deluxe（12 年）、Bell's Decanter（20 年）、Bell's Royal Reserve（21 年）等多个级别。

（3）芝华士（Chivas Regal），由创立于1801年的 Chivas Brothers Ltd.（芝华士兄弟公司）生产，Chivas Regal 的意思是"Chivas 家族的王者"。在1843年，Chivas Regal 曾作为维多利亚女王的御用酒。产品有：芝华士12年（Chivas Regal 12）、皇家礼炮（Royal Salute）两种规格。

（4）顺风（Cutty Sark），又称帆船、魔女紧身衣；诞生于1923年，具有现代口感的清淡型苏格兰混合威士忌，该酒酒性比较柔和，是国际上比较畅销的苏格兰威士忌之一。该酒采用苏格兰低地纯麦芽威士忌作为原酒与苏格兰高地纯麦芽威士忌勾兑调和而成。产品分为 Cutty Sark（标准品）、Berry Sark（10年）、Cutty（12年）、St. James（圣·詹姆斯）等。

（5）添宝15年（Dimple），是1989年向世界推出的苏格兰混合威士忌，具有金丝的独特瓶型和散发着酿藏十五年的醇香，更显得独具一格，深受上层人士的喜爱。

（6）格兰特（Grant's），是苏格兰纯麦芽威士忌 Glenfiddich 格兰菲迪（又称鹿谷）的姊妹酒，均由由英国威廉·格兰特父子有限公司出品，Grant's 威士忌酒给人的感觉是爽快和具有男性化的辣味，因此在世界具有较高的知名度。其标准品为 Standfast（意为其创始人威廉·格兰特常说的一句话"你奋起吧"），另外还有 Grant's Centenary（格兰特世纪酒）以及 Grant's Royal（皇家格兰特12年陈酿）和 Grant's 21（格兰特21年极品威士忌）等多个品种。

（7）海格（Haig），是苏格兰酿制威士忌酒的老店，具有比较高的知名度，其产品有标准品 Haig 和 Pinch（12年陈豪华酒）等。

（8）珍宝（J&B），始创于1749年的苏格兰混合威士忌酒，由贾斯泰瑞尼和布鲁克斯有限公司出品，该酒取名于该公司英文名称的字母缩写，属于清淡型混合威士忌酒。该酒采用四十二种不同的麦芽威士忌与谷物威士忌混合勾兑而成，且80%以上的麦芽威士忌产自于苏格兰著名 Speyside 地区，是目前世界上销量比较大的苏格兰威士忌酒之一。

（9）尊尼获加（Johnnie Walker），是苏格兰威士忌的代表酒，该酒以产自于苏格兰高地的四十余种麦芽威士忌为原酒，再混合谷物威士忌勾兑调配而成。Johnnie Walker Red Label（红方或红标）是其标准品，在世界范围内销量都很大；Johnnie Walker Black Label（黑方或黑标）是采用12年陈酿麦芽威士忌调配而成的高级品，具有圆润可口的风味。另外还有 Johnnie Walker Blue Label（蓝方或蓝标）是尊尼沃克威士忌酒系列中的顶级醇醪；Johnnie Walker Gold Label（金方或金标）陈酿18年的尊尼沃克威士忌系列酒、Johnnie Walker Swing Superior（尊豪）尊尼沃克威士忌系列酒中的极品，选用四十五种以上的高级麦芽威士忌混合调制而成，口感圆润，喉韵清醇。酒瓶采用不倒翁设计式样，非常独特。Johnnie Walker Premier

（尊爵）属极品级苏格兰威士忌酒,该酒酒质馥郁醇厚,特别适合亚洲人的饮食口味。

（10）帕斯波特（Passport）,又称护照威士忌;由威廉·隆格摩尔公司于 1968 年推出的具有现代气息的清淡型威士忌酒,该酒具有明亮轻盈、口感圆润的特点,非常受到年轻人的欢迎。

（11）威雀（The Famous Grouse）,由创立于 1800 年的马修·克拉克公司出品。Famous Grouse 属于其标准产品,还有 Famous Grouse 15（15 年陈酿）和 Famous Grouse 21（21 年陈酿）等。

（12）格兰菲迪,又称鹿谷（Glenfiddich）,由威廉·格兰特父子有限公司出品,该酒厂于 1887 年开始在苏格兰高地地区创立蒸馏酒制造厂,生产威士忌酒,是苏格兰纯麦芽威士忌的典型代表。Glenfiddich 的特点是味道香浓而油腻,烟熏味浓重突出。品种有 8 年、10 年、12 年、18 年、21 年等。

（13）兰利斐,又称格兰利菲特（Glenlivet）,是由乔治和 J. G. 史密斯有限公司生产的 12 年陈酿纯麦芽威士忌,该酒于 1824 年在苏格兰成立,是第一个政府登记的蒸馏酒生产厂,因此该酒也被称之为"威士忌之父"。

（14）麦卡伦（Macallan）,苏格兰纯麦芽威士忌的主要品牌之一。Macallan 的特点是由于在储存、酿造期间,完全只采用雪利酒橡木桶盛装,因此具有白兰地般的水果芬芳,被酿酒界人士评价为"苏格兰纯麦威士忌中的劳斯莱斯"。在陈酿分类上有 10 年、12 年、18 年以及 25 年等多个品种,以酒精含量分类为 40°、43°、57°等多个品种。

此外,比较著名的苏格兰混合威士忌酒还有 Claymore（克雷蒙）、Criterion（克利迪欧）、Dewar 笛沃、Dunhill（登喜路）、Hedges & Butler（赫杰斯与波特勒）、Highland Park（高原骑士）、King of Scots（苏格兰王）、Old Parr（老帕尔）、Old St. Andrews（老圣·安德鲁斯）、Something Special（珍品）、Spey Royal（王者或斯佩. 罗伊尔）、Taplows（泰普罗斯）、Teacher's（提切斯或教师）、White Horse（白马）、William Lawson's（威廉·罗森）等。另外还有 Argyli（阿尔吉利）、Auchentoshan（欧汉特尚）、Berry's（贝瑞斯）、Burberry's（巴贝利）、Findlater's（芬德拉特）、Strathspy（斯特莱斯佩）等多种酒品。

2. 爱尔兰威士忌主要品牌

（1）约翰·詹姆森（John Jameson）,创立于 1780 年爱尔兰都柏林,是爱尔兰威士忌酒的代表。其标准品 John Jameson 具有口感平润并带有清爽的风味,是世界各地的酒吧常备酒品之一;"Jameson 1780 12 年"威士忌酒具有口感十足、甘醇芬芳,极受人们的欢迎。

（2）布什米尔（Bushmills）,布什米尔以酒厂名字命名,创立于 1784 年,该酒用精选大麦制成,生产工艺较复杂,有独特的香味,酒度为43°,分为 Bushmills、Black Bush、Bushmills Malt(10 年)三个级别。

(3)特拉莫尔露(Tullamore Dew),该酒以酒厂名命名,该酒厂创立于1829 年,酒度为43°。其标签上描绘的狗代表着牧羊犬,是爱尔兰的象征。

3. 美国威士忌主要品牌

(1)巴特斯(Bartts's),宾夕法尼亚州生产的传统波旁威士忌酒,分为红标 12 年、黑标 20 年和蓝标 21 年三种产品,酒度均为50.5°,具有甘醇、华丽的口味。

(2)四玫瑰(Four Roses),创立于1888 年,容量为710ml,酒度43°。黄牌四玫瑰酒味道温和、气味芳香;黑牌四玫瑰味道香甜浓厚;而"普拉其那"则口感柔和、气味芬芳、香甜。

(3)吉姆·比姆(Jim Beam),又称占边,是创立于1795 年的 Jim Beam 公司生产的具有代表性的波旁威士忌酒。该酒以发酵过的裸麦、大麦芽、碎玉米为原料蒸馏而成,具有圆润可口香味四溢的特点。分为 Jim Beam 占边(酒度为 40.3°)、Beam's Choice 精选(酒度为 43°)、Barrel - Bonded,是经过长期陈酿的豪华产品。

(4)老泰勒(Old Taylor),由创立于1887 年的基·奥尔德·泰勒公司生产,酒度为42°。该酒陈酿 6 年,有着浓郁的木桶香味,具有平滑顺畅、圆润可口的特点。

(5)老韦勒(Old Weller),由 W. C. 韦勒公司生产,酒度为53.5°,陈酿 7 年,是深具传统风味的波旁威士忌酒。

(6)桑尼·格兰(Sunny Glen),桑尼·格兰意为阳光普照的山谷,该酒勾兑调和后,要在白橡木桶中陈酿十二年,具有丰富而且独特的香味,深受波旁酒迷的喜爱,酒度为40°。

(7)老奥弗霍尔德(Old Overholt),由创立于1810 年的奥弗霍尔德公司在宾夕法尼亚州生产,属于原料中裸麦含量达到59%,并且不掺水的著名裸麦威士忌酒。

(8)施格兰王冠(Seagram's 7 Crown),由施格兰公司于1934 年首次推向市场的口味十足的美国黑麦威士忌。

(9)杰克丹尼(Jack Daniels),世界十大名酒之一。杰克丹尼酒厂1866 年诞生于美国田纳西州莲芝堡,是美国第一家注册的蒸馏酒厂。杰克丹尼威士忌畅销全球一百三十多个国家,单瓶销量多年来高踞全球美国威士忌之首。该品牌酒挑选最上等的玉米、黑麦及麦芽等全天然谷物,配合高山泉水酿制,不含人造成分,采用独特的枫木过滤方法,用新烧制的美国白橡木桶储存,让酒质散发天然独特的馥郁芬芳。

4. 加拿大威士忌著名的品牌

(1)艾伯塔(Alberta),产自于加拿大艾伯塔州,分为 Premium 普瑞米姆和 Springs 泉水两个类型,酒度均为40°,具有香醇、清爽的风味。

（2）皇冠（Crown Royal），是加拿大威士忌酒的超级品，以酒厂名命名。由于1936年英国国王乔治六世在访问加拿大时饮用过这种酒，因此而得名，酒度为40°。

（3）施格兰特酿（Seagram's V.O），以酒厂名字命名。Seagram原为一个家族，该家族热心于制作威士忌酒，后来成立酒厂并以施格兰命名。该酒以稞麦和玉米为原料，贮存6年以上，经勾兑而成，酒度为40°，口味清淡而且平稳顺畅。

此外，还有著名的Canadian Club（加拿大俱乐部）、Velvet（韦勒维特）、Carrington（卡林顿）、Wiser's（怀瑟斯）、Canadian O.F.C（加拿大O.F.C）、Black Velvet（黑天绒）等产品。

六、威士忌酒的服务

1. 威士忌酒的品尝

（1）看色泽

拿酒杯时应该拿住杯子的下方杯脚，而不能托着杯壁。因为手指的温度会让杯中的酒发生微妙的变化。为了很好地加以观察，可以在酒杯的背后衬上一张白纸作为背景。威士忌的颜色有很多种，从深琥珀色到浅琥珀色都有。因为威士忌酒都是存放在橡木桶里的。酒的色泽与威士忌在橡木桶里存放时间的长短密切相关。一般来说，存放时间越长，威士忌的色泽就越深。

（2）看挂杯

首先，把这酒杯慢慢地倾斜过来。请注意一定要很轻柔、小心，然后再恢复原状。酒从杯壁流回去的时候，留下了一道道酒痕，这就是酒的挂杯。所谓"长挂杯"就是酒痕流的速度比较慢，短挂杯就是酒痕流的速度比较快。挂杯长意味着酒更浓、更稠，也是酒精含量更高的表现。

（3）闻香味

可以在酒里加1/3的水。因为水可以把香味带出来，就像下雨后我们在草地上就能闻到草的香味一样。

（4）品尝酒

先尝一小口，让酒在口齿和舌尖回荡，细细品味各种香味，然后缓缓咽下。

2. 饮用场合

休闲时间。

3. 饮用载杯

古典杯。

4. 饮用标准分量

40ml。

5. 饮用方法

净饮；加冰；兑饮（加入可乐或苏打）。

第三节　伏特加酒

伏特加酒(Vodka)源于俄文的"生命之水"中"水"的发音"вода",约14世纪开始成为俄罗斯传统饮用的蒸馏酒。但在波兰,也有更早便饮用伏特加的记录。

伏特加酒是以谷物或马铃薯为原料,经过蒸馏制成高达95°的酒精,再用蒸馏水淡化至40°~60°,并经过活性炭过滤,使酒质更加晶莹澄澈,无色且清淡爽口,使人感到不甜、不苦、不涩,只有烈焰般的刺激,形成伏特加酒独具一格的特色。因此,在各种调制鸡尾酒的基酒之中,伏特加酒是最具有灵活性、适应性和变通性的一种酒。

俄罗斯是生产伏特加酒的主要国家,但在德国、芬兰、波兰、美国、日本等国也都能酿制优质的伏特加酒。特别是在第二次世界大战开始时,由于俄罗斯制造伏特加酒的技术传到了美国,使美国也一跃成为生产伏特加酒的大国之一。

一、伏特加酒的起源与发展

传说克里姆林宫楚多夫(意为"奇迹")修道院的修士用黑麦、小麦、山泉水酿造出一种"消毒液",一个修士偷喝了"消毒液",使之在俄国广为流传,成为伏特加。但17世纪教会宣布伏特加为恶魔的发明,毁掉了与之有关的文件。

在1812年,以俄国严冬为舞台,展开了一场俄法大战,战争以白兰地酒瓶见底的法军败走于伏特加无尽的俄军而告终。

帝俄时代的1818年,宝狮伏特加(Pierre Smirnoff Fils)酒厂就在莫斯科建成。1917年十月革命后,仍是一个家族的企业。1930年,伏特加酒的配方被带到美国,在美国也建起了宝狮(Smirnoff)酒厂,所产酒的酒精度很高,在最后过程中用一种特殊的木炭过滤,以求取得伏特加酒味纯净。伏特加是俄国和波兰的国酒,是北欧寒冷国家十分流行的烈性饮料。

欧洲人喝伏特加酒已经几个世纪了,他们通常不加冰,而是用一个小小的酒杯一饮而尽。

二、伏特加酒的传统酿造工艺

伏特加以马铃薯或玉米、大麦、黑麦为原料,用精馏法蒸馏出酒度高达96%的酒精液,再使酒精液流经盛有大量木炭的容器,以吸附酒液中的杂质(每10升蒸馏液用1.5千克木炭连续过滤不得少于8小时,40小时后至少要换掉10%的木炭),最后用蒸馏水稀释至酒度40%~50%而成。

此酒不用陈酿即可出售、饮用,也有少量的如香型伏特加在稀释后还要有串香程序,使其具有芳香味道。伏特加与金酒一样,都是以谷物为原料的高酒精度的烈性饮料,并且不需贮陈。但与金酒相比,伏特加甘洌、无刺激味,而金酒有浓烈的杜松子味道。由于伏特加酒中所含杂质极少,口感纯净,并且可以以任何浓度与其他饮料混合饮用,所以经常用于做鸡尾酒的基酒。

三、伏特加酒分类

一类是无色、无杂味的上等伏特加;另一类是加入各种香料的伏特加(Flavored Vodka),例如,绝对伏特加。

绝对伏特加(Absolut Vodka)1879 年在瑞典首创,采用连续蒸馏法酿造而成。那里特产的冬小麦赋予了绝对伏特加优质细滑的谷物特征。

酿造用水是深井中的纯净水。正是通过采用单一产地、当地原料来制造使绝对伏特加公司(V&S Absolut Spirits)可以完全控制生产的所有环节,从而确保每一滴酒都能达到绝对顶级的质量标准。所有口味的绝对伏特加都是由伏特加与纯天然的原料混合而成,绝不添加任何糖分。

如今,绝对伏特加家族拥有了同样优质的一系列产品,包括绝对伏特加(Absolut Vodka),绝对伏特加(辣椒味)Absolut Peppar,绝对伏特加(柠檬味)Absolut Citron,绝对伏特加(黑加仑子味)Absolut Kurant,绝对伏特加(柑橘味)Absolut Mandrin,绝对伏特加(香草味)Absolut Vanilia 以及绝对伏特加(红莓味)Absolut Raspberr。

四、伏特加酒的主要生产国

1. 俄罗斯伏特加

俄罗斯伏特加最初用大麦为原料,以后逐渐改用含淀粉的马铃薯和玉米,制造酒醪和蒸馏原酒并无特殊之处,只是过滤时将精馏而得的原酒,注入白桦活性炭过滤槽中,经缓慢的过滤程序,使精馏液与活性炭分子充分接触而净化,将所有原酒中所含的油类、酸类、醛类、酯类及其他微量元素除去,便得到非常纯净的伏特加。俄罗斯伏特加酒液透明,除酒香外,几乎没有其他香味,口味凶烈,劲大冲鼻,火一般地刺激。其名品有:波士伏特加(Bolskaya)、苏联红牌(Stolichnaya)、苏联绿牌(Mosrovskaya)、柠檬那亚(Limonnaya)、斯大卡(Starka)、朱波罗夫卡(Zubrovka)、俄国卡亚(Kusskaya)、哥丽尔卡(Gorilka)。

2. 波兰伏特加

波兰伏特加的酿造工艺与俄罗斯相似,区别只是波兰人在酿造过程中,加入一些草卉、植物果实等调香原料,所以波兰伏特加比俄罗斯伏特加酒体丰富,更富韵味。名品有:兰牛(BlueRison)、维波罗瓦红牌 38%(Wyborowa)、维波罗瓦蓝牌 45%(Wyborowa)、朱波罗卡(Zubrowka)。

3.其他国家

（1）英国：Cossack（哥萨克）、Viadivat（夫拉地法特）、Imperial（皇室伏特加）、Silverad（西尔弗拉）。

（2）美国：Smirnoff（宝狮伏特加）、Samovar（沙莫瓦）、Fielshmann's Royal（菲士曼伏特加）。

（3）芬兰：Finlandia（芬兰地亚）。

（4）法国：Karinskaya（卡林斯卡亚）、Voloskaya（弗劳斯卡亚）、Eristoff Pure Grain Vodka（皇太子）、Grey Goose（灰雁）。

（5）加拿大：Silhowltte（西豪维特）、Iceberg（冰山）。

（6）瑞典：Absolut（绝对伏特加）。

（7）中国：AK-47伏特加。

五、伏特加酒的服务

1.饮用量

42ml。

2.饮用场合

可作佐餐酒或餐后酒。

3.载杯

利口杯或用古典杯。

4.饮用方法

（1）纯饮：纯饮时，备一杯凉水，以常温服侍，快饮（干杯）是其主要饮用方式。许多人喜欢冰镇后干饮，仿佛冰溶化于口中，进而转化成一股火焰般的清热。

（2）冰镇："冷冻伏特加（Neatvodka）"，冰镇后的伏特加略显黏稠，入口后酒液蔓延，口感醇厚，入腹则顿觉热流遍布全身，若同时有鱼子酱、烤肠、咸鱼、野菇等佐餐，更是一种绝美享受。冷冻伏特加酒通常小杯盛放，一般是不能细斟慢饮的，而是喝个杯底朝天。

（3）兑饮：作基酒来调制鸡尾酒，比较著名的有黑俄罗斯（Black Russian）、螺丝钻（Screw Driver）、血玛丽（Bloody Mary）等。

第四节　中国白酒

中国白酒（Chinese Spirits），以粮谷为主要原料，用大曲、小曲或麸曲及酒母等为糖化发酵剂，经蒸煮、糖化、发酵、蒸馏而制成。

在中国,酒的精神以道家哲学为源头。庄周主张,物我合一,天人合一,齐一生死。庄周高唱绝对自由之歌,倡导"乘物而游""游乎四海之外""无何有之乡"。庄子宁愿做自由地在烂泥塘里摇头摆尾的乌龟,而不做受人束缚的昂首阔步的千里马。追求绝对自由、忘却生死利禄及荣辱,是中国酒神精神的精髓所在。

酒醉而成传世诗作,在中国诗史中俯拾皆是。例如,"李白斗酒诗百篇,长安市上酒家眠,天子呼来不上船,自称臣是酒中仙。"(杜甫《饮中八仙歌》);"醉里从为客,诗成觉有神。"(杜甫《独酌成诗》);"俯仰各有志,得酒诗自成。"(苏轼《和陶渊明〈饮酒〉》);"一杯未尽诗已成,涌诗向天天亦惊。"(杨万里《重九后二月登万花川谷月下传觞》)。

不仅为诗如是,在绘画和中国文化特有的艺术书法中,酒神的精神更是活泼万端。画家中,郑板桥的字画不能轻易得到,于是求者拿狗肉与美酒款待,在郑板桥的醉意中求字画者皆可如愿。郑板桥也知道求画者的把戏,但他耐不住美酒狗肉的诱惑,只好写诗自嘲:"看月不妨人去尽,对月只恨酒来迟。笑他缣素求书辈,又要先生烂醉时。""吴带当风"的画圣吴道子,作画前必酣饮大醉方可动笔,醉后为画,挥毫立就。"元四家"中的黄公望也是"酒不醉,不能画"。"书圣"王羲之醉时挥毫而作《兰亭序》,"遒媚劲健,绝代所无",而至酒醒时"更书数十本,终不能及之"。李白写醉僧怀素:"吾师醉后依胡床,须臾扫尽数千张。飘飞骤雨惊飒飒,落花飞雪何茫茫。"怀素酒醉泼墨,方留其神鬼皆惊的《自叙帖》。草圣张旭"每大醉,呼叫狂走,乃下笔",于是有其"挥毫落纸如云烟"的《古诗四帖》。

一、中国白酒的起源与发展

河南舞阳县北舞渡镇贾湖村的最新考古发现表明,生活在公元前7000多年的新石器时代的中国人已经开始发酵酿酒了。而中国白酒的出现应不晚于东汉,即迄今有1600年以上的悠久历史。1998年8月,在成都市锦江畔以外发现的明朝初年的水井街坊遗址,这是我国迄今发现连续生产白酒长达800年的酒坊实证。

我国是制曲酿酒的发源地,有着世界上独创的酿酒技术。日本东京大学名誉教授坂口谨一郎曾说,中国创造酒曲,利用霉菌酿酒,并推广到东亚,其重要性可与中国的四大发明媲美。白酒是用酒曲酿制而成的,是中华民族的特产饮料,又是世界上独一无二的蒸馏酒,通称烈性酒。白酒使中国成为全球酒类饮料产销大国,它对中国政治、经济、文化和外交有着重要作用。

白酒起源于何时?迄今说法尚不一致。商代甲骨文中已有"醴"字。淮南子说:"清醴之美,始于耒耜。"《尚书说命》记载:"若作酒醴,尔为曲糵。"最早的文献记录是"鞠糵",发霉的粮食称鞠,发芽的粮食称糵,从字形看都有米字。米者,粟实也。由此可知,最早的麹和糵,都是粟类发霉发芽而成的。《说文解字》说:"糵,芽米也;米,粟实也。"后来用麦芽替代了粟芽,糵与曲的生产方式分家以后,用糵生产甜酒(醴)。商、周一千多年到汉朝,糵酒还很盛行。北魏时用穀芽酿酒,所以在《齐民要术》内无糵曲的记载。宋应星1636年著的《天工开物》内说:"古来曲造酒,糵造醴,后世厌醴味薄,逐至失传。"据周朝文献记载,曲糵可作酒母解释,也可解释为"酒"。例如,杜甫《归来》诗里有"凭谁给麴糵,细酌老江干";陈驹声有"深深曲糵日方长"的诗句,这里"麴糵、曲糵"也是指"酒"。

白酒所用的酒曲,大概可分为小曲、大曲和麸曲三类。小曲到南北朝时,生产已相当普遍,到了宋代时又有重要的改进,其根霉小曲成了世界最好的酿酒菌种之一。这种根霉小曲传播很广,如朝鲜、越南、老挝、柬埔寨、泰国、尼泊尔、不丹、马来西亚、新加坡、印度尼西亚、菲律宾和日本(在绳纹末期从中国传入了稻作技术和造酒技术)都有根霉小曲酿酒,产品受到国外人民的青睐。大曲以大麦、小麦、豌豆等为原料,经过粉碎,加水混捏,形似砖块,大小不等,让自然界各种微生物在上面生长而制成。麸曲是方心芳先生研究高粱酒的改良,提倡用曲霉制造酒曲,又称快曲,因制曲时间短而得名。制曲后,麸曲直接作为糖化剂,一般用量较大,仍有误称为大曲。酿酒必先制曲,好曲才能酿出好酒,这是培养有益菌类,利用自然界或人工分离的微生物,分泌出许多复杂的酶,利用它的化学性能来完成的。

白酒酿造始于何人?战国时期《世本·作》中提到"仪狄作酒醪变五味",这是造酒最早的文字记载。汉朝许慎《说文解字》提及"古者仪狄作酒醪,禹尝之而美,逐疏仪狄"以及"杜康作秫酒"。至今杜康造酒之说广为传颂,及至日本人将酿酒工统称"杜氏"。更有曹操《短歌行》:"对酒当歌,人生几何?何以解忧,唯有杜康。"有人认为杜康是酿酒的祖师爷,这是一种悖论。宋高承在其《事物纪原》一书中说"不知杜康何世人,而古今多言其酿酒也",说明杜康究竟是哪个时代的人,尚未搞清楚,何况当年杜康酿造的酒绝非今日的蒸馏酒。

通过人类社会的发展及微生物学原理推测,最早发明的是水果酒,其次是奶酒,最后为粮食(谷物)酿造的蒸馏酒。水果中含有糖类的果汁,如暴露于皮外,果皮上常附有酵母,在温度适宜的条件下,果汁就会发酵成酒。动物家畜的乳汁中含有乳糖,同样经酵母发酵为奶酒。谷物酿酒要复杂很多,粮食中为碳水化合物不是糖而是淀粉,淀粉需要经淀粉酶分解为糖,然后由酵母的酒化酶将糖变成酒。我国粮食酒中最早出现的是黄酒,称为酿造酒,又称发酵酒,是不经过蒸馏的,随后才会出现现在的蒸馏酒,即中国白酒,这与蒸馏器有关。

白酒在唐朝又称为烧酒,历代诗句中常出现烧酒。白香山有诗云"荔枝新熟鸡冠色,烧酒初开琥珀香";雍陶亦有诗云"自到成都烧酒熟,不思身更入长安",可见当时的四川已生产烧酒。古诗中又常出现白酒,例如,李白的"白酒新熟山中归";白居易的"黄鸡与白酒",说明唐朝的白酒就是烧酒,亦名烧春。研究白酒的起源,必先以蒸馏器为佐证。方心芳先生认为宋朝已有蒸馏器(《自然科学史》6 卷 2 期,1987 年),但他在 1934 年时曾说我国唐代即有蒸馏酒(《黄海化学工业研究社调查报告》第 7 号)。1975 年在河北承德市青龙县出土的金代铜质蒸馏器,其制作年代最迟不超过 1161 年的金世宗时期(南宋孝宗时),认为可信无疑。据西方在10 或 11 世纪发现蒸馏法以后,就可能由发酵的饮料中得到较早的乙醇(酒精)。但在 16 世纪以来,由谷物原料直接制备乙醇,其酒精和水的类似饮料产品,就被广泛应用。

二、中国白酒的主要生产原料及工艺

1. 生产原料

中国白酒是以高粱、玉米、小麦、大麦、红薯等为原料,其中,高粱赋予酒的芳香,玉米赋予酒的醇甜,大米赋予酒的纯净,大麦赋予酒的冲辣。

2. 生产工艺

中国白酒是经过发酵、制曲、多次蒸馏、长期储存制成的高酒精度的液体。由于各种中国白酒的制曲方法不同,发酵、蒸馏次数不同,以及勾兑时间不同,不同种类的中国白酒形成了不同的风格。

三、中国白酒的分类

1. 按糖化发酵剂分

(1)大曲酒

大曲酒,是以大曲为糖化发酵剂酿制而成的酒。大曲的原料主要是小麦、大麦,加上一定数量的豌豆。大曲又分为中温曲、高温曲和超高温曲。一般是固态发酵,大曲酒所酿的酒质量较好,多数名优酒均以大曲酿成。

(2)小曲酒

是以小曲为糖化剂酿制而成的酒。以稻米为原料制成的,多采用半固态发酵,南方的白酒多是小曲酒。

(3)麸曲酒

麸曲酒,是以麸曲为糖化剂,加酒母发酵酿制而成的酒。这是解放后在烟台操作法的基础上发展起来的,分别以纯培养的曲霉菌及纯培养的酒母作为糖化、发酵剂,发酵时间较短,由于生产成本较低,为多数酒厂采用,此种类型的酒产量最大。

（4）混曲法白酒

主要是以大曲和小曲或麸曲等为糖化发酵剂酿制而成的白酒,或以糖化酶为糖化剂,加酿酒酵母等发酵酿制而成的白酒。

2. 按生产工艺分类

（1）固态法白酒

是以粮谷为原料,采用固态（或半固态）糖化、发酵、蒸馏,经陈酿、勾兑而成的,未添加食用酒精及非白酒发酵产生的呈香呈味物质,具有本品固有风格特征的白酒。

（2）液态法白酒

是以含淀粉、糖类物质为原料,采用液态糖化、发酵、蒸馏所得的基酒（食用酒精）,可调香或串香,勾调而成的白酒。

（3）固液法白酒

是以固态法白酒（不低于30%）、液态法白酒,食用添加剂勾调而成的白酒。

3. 按香型分

这种方法在国家级评酒中,往往按酒的主体香气成分的特征分类。

（1）浓香型白酒

是以粮谷为原料,经传统固态法发酵、蒸馏、陈酿、勾兑而成的,未添加食用酒精及非白酒发酵产生呈香呈味物质,具有乙酸乙酯为主体复合香的白酒。

以泸州老窖特曲、五粮液、洋河大曲等酒为代表,以浓香甘爽为特点,发酵原料是多种原料,以高粱为主,发酵采用混蒸续渣工艺。发酵采用陈年老窖,也有人工培养的老窖。在名优酒中,浓香型白酒的产量最大。四川、江苏等地的酒厂所产的酒均是这种类型。

（2）酱香型白酒

是以粮谷为原料,经传统固态法发酵、蒸馏、陈酿、勾兑而成的,未添加食用酒精及非白酒发酵产生呈香呈味物质,具有酱香风格的白酒。也称为茅香型白酒,以茅台酒为代表。酱香柔润为其主要特点,发酵工艺最为复杂,所用的大曲多为超高温酒曲。

（3）清香型白酒

是以粮谷为原料,经传统固态法发酵、蒸馏、陈酿、勾兑而成的,未添加食用酒精及非白酒发酵产生呈香呈味物质,具有乙酸乙酯为主体复合香的白酒。

以汾酒为代表,其特点是清香纯正,采用清蒸清渣发酵工艺,发酵采用地缸。

（4）米香型白酒

是以大米为原料,经传统固态法发酵、蒸馏、陈酿、勾兑而成的,未添加食用酒精及非白酒发酵产生呈香呈味物质,具有乙酸乙酯、β－苯乙醇为主体复合香的白酒。

以桂林三花酒为代表,特点是米香纯正,以大米为原料,小曲为糖化剂。

(5)豉香型白酒

以大米为原料,经蒸煮,用大酒饼作为主要糖化剂,采用边糖化边发酵的工艺,釜式蒸馏,陈肉酝浸勾兑而成,未添加食用酒精及非白酒发酵产生呈香呈味物质,具有豉香特点的白酒。

这类酒的主要代表有广东石湾冰玉烧酒、广东九江双蒸酒。

(6)芝麻香型白酒

以高粱、小麦(麸皮)等为原料,经传统固态法发酵、蒸馏、陈酿、勾兑而成的,未添加食用酒精及非白酒发酵产生呈香呈味物质,具有芝麻香型风格的白酒。

这类酒的主要代表有:山东景芝白干、江苏梅兰春。

(7)其他香型白酒

这类酒的主要代表有西凤酒、董酒、白沙液等,香型各有特征,这些酒的酿造工艺采用浓香型,酱香型,或清香型白酒的一些工艺,有的酒的蒸馏工艺也采用串香法。

4.按酒度的高低分

(1)高度白酒

这是我国传统生产方法所形成的白酒,酒度在41°~55°,一般不超过65°。

(2)低度白酒

采用了降度工艺,酒度一般在38°,也有20°左右的酒。

四、中国白酒的命名

1.以产地命名:例如,茅台酒、黄山迎驾酒。

2.以原料命名:例如,五粮液、高粱酒。

3.以生产工艺命名:例如,二锅头、三花酒。

4.以曲的种类命名:例如,泸州老窖特曲、洋河大曲。

5.以历史人物、典故命名:例如,刘伶醉酒、杜康酒。

第五节　金酒

金酒(Gin),又称琴酒。荷兰人称之为 Gellever,英国人称之为 Hollamds 或 Genova,德国人称之为 Wacholder,法国人称之为 Genevieve,比利时人称之为 Jenevers,香港、广东地区称为毡酒,台湾称为金酒。又因其含有特殊的杜松子味道,所以又被称为杜松子酒。

金酒是以粮谷为原料,经糖化、发酵、蒸馏后,用杜松子浸泡或串香复蒸馏后制成的蒸馏酒。

一、金酒的起源与发展

金酒是在 1660 年由荷兰莱顿大学(Unversity of Leyden)的西尔维斯(Doctor Sylvius)教授制作成功的。最初制作这种酒是为了帮助在东印度地域活动的荷兰商人、海员和移民预防热带疟疾病,作为利尿、清热的药剂使用,不久人们发现这种利尿剂香气和谐、口味协调、醇和温雅、酒体洁净,具有净、爽的自然特点,很快就被人们作为正式的酒精饮料饮用。

二、金酒的酿造工艺

金酒的怡人香气主要来自具有利尿作用的杜松子。杜松子的加法有许多种,一般是将其包于纱布中,挂在蒸馏器出口部位。蒸酒时,其味便串于酒中,或者将杜松子浸于绝对中性的酒精中,一周后再回流复蒸,将其味蒸于酒中。有时还可以将杜松子压碎成小片状,加入酿酒原料中,进行糖化、发酵、蒸馏,以得其味。有的国家和酒厂配合其他香料来酿制金酒,如菱子、豆蔻、甘草、橙皮等。后来,这种用杜松子果浸于酒精中制成的杜松子酒逐渐被人们视为一种新的饮料。而厂家对准确的配方一向是非常保密的。据传,1689 年流亡荷兰的威廉三世回到英国继承王位,于是杜松子酒传入英国,受到欢迎。金酒不用陈酿,但也有的厂家将原酒放到橡木桶中陈酿,从而使酒液略带金黄色。金酒的酒度一般在 35°～55°,酒度越高,其质量就越好。比较著名的有荷式金酒、英式金酒和美国金酒。

金酒的特点:

(1)颜色:无色透明。

(2)香味:杜松子香味浓郁。

(3)味道:口味甘洌。

(4)酒度:38°～43°。

三、金酒的分类

1. 按口味风格分

(1)辣味金酒

辣味金酒质地较淡、清凉爽口,略带辣味,酒度约在 80～94proof。

(2)老汤姆金酒(加甜金酒)

老汤姆金酒是在辣味金酒中加入 2% 的糖分,使其带有怡人的甜辣味。

(3)荷兰金酒

荷兰金酒除了具有浓烈的杜松子气味外,还具有麦芽的芬芳,酒度通常在100～110proof。

(4)果味金酒

果味金酒是在干金酒中加入了成熟的水果和香料,如柑橘金酒、柠檬金酒、姜汁金酒等。

2. 按生产地分

金酒可分为荷式金酒和英式金酒两大类,干味金酒最具有英式金酒风味。

(1)荷式金酒(Dutch Gin)

荷式金酒产于荷兰,主要的产区集中在斯希丹(Schiedam)一带,是荷兰人的国酒。荷式金酒被称为杜松子酒(Geneva),是以大麦芽与稞麦等为主要原料,配以杜松子酶为调香材料,经发酵后蒸馏三次获得的谷物原酒,然后加入杜松子香料再蒸馏,最后将蒸馏而得的酒,贮存于玻璃槽中待其成熟,包装时再稀释装瓶。荷式金酒色泽透明清亮,酒香味突出,香料味浓重,辣中带甜,风格独特。无论是纯饮或加冰都很爽口,酒度为52°左右。因香味过重,荷式金酒只适于纯饮,不宜作混合酒的基酒,否则会破坏配料的平衡香味。

荷式金酒在装瓶前不可贮存过久,以免杜松子氧化而使味道变苦。而装瓶后则可以长时间保存而不降低质量。荷式金酒常装在长形陶瓷瓶中出售。新酒叫Jonge,陈酒叫Oulde,老陈酒叫Zeetoulde。

比较著名的酒牌有:Henkes(亨克斯)、Bols(波尔斯)、Bokma(波克马)、Bomsma(邦斯马)、Hasekamp(哈瑟坎坡)。

荷式金酒的饮法也比较多,在东印度群岛流行饮酒前用苦精(Bitter)洗杯,然后注入荷兰金酒,大口快饮,痛快淋漓,具有开胃之功效,饮后再饮一杯冰水,更是美不胜言。荷式金酒加冰块,再配以一片柠檬,就是世界名饮 Dry Martini(干马天尼)的最好代用品。

(2)英式金酒(London Dry Gin)

大约是在 17 世纪,威廉三世统治英国时,发动了一场大规模的宗教战争,参战的士兵将金酒由欧洲大陆带回英国。1702—1704 年,当政的安妮女王对法国进口的葡萄酒和白兰地苛以重税,而对本国的蒸馏酒降低税收。金酒因而成了英国平民百姓的廉价蒸馏酒。另外,金酒的原料低廉,生产周期短,无须长期增陈贮存,因此经济效益很高,不久就在英国流行起来。当时一家小客栈打出一个非常有趣的招牌,由此可以看出当时的金酒是何等的便宜:

Drunk for a penny(一分钱喝个饱);

Dead drunk for two pence(二分钱喝个倒);

Clean straw for nothing(穷小子来喝酒,一分钱也不要).

英国金酒的生产过程比荷兰金酒简单,它用食用酒精和杜松子以及其他香料共同蒸馏而得——干金酒,酒液无色透明,气味奇异清香,口感醇美爽适,既可单饮,也可与其他酒混合配制或作鸡尾酒的基酒。故有人称金酒为鸡尾酒的心脏。

英式金酒又称伦敦金酒,伦敦金酒是目前世界上最主要、最流行的金酒品种,口感大都为干型,甜度由高到低又可分为干型金酒(Dry Gin)、特干金酒(Extra Dry Gin)、极干金酒(Very Dry Gin)等,与荷兰金酒的口感有非常大的差别。伦敦金酒大都采用谷物、甘蔗或糖蜜为原料,以酿造、蒸馏所得到的酒液作为基酒,加入各种植物药材,其中以杜松子为主,包括胡荽、橙皮、香鸢尾根、黑醋栗树皮等,经过二次蒸馏而成。在蒸馏的过程中,先将谷物及大麦麦芽发酵,之后在连续式蒸馏锅中蒸馏得到酒精含量为90%~95%的蒸馏液中加水,使酒精含量降至60%后,加入杜松子及其他植物药材,再返回蒸馏器中蒸馏而成,最终的酒精含量约为37%~47.5%。

英式干金酒的商标有:Dry Gin,Extra Dry Gin,Very Dry Gin,London Dry Gin,English Dry Gin,这些都是英国上议院给金酒一定地位的记号。

著名的酒牌有:Beefeater(英国卫兵)、Gordon's(歌顿金)、Gilbey's(吉利蓓)、Sschenley(仙蕾)、Tangueray(坦求来)、Queen Elizabeth(伊丽莎白女王)、Old Lady's(老女士)、Old Tom(老汤姆)、House of Lords(上议院)、Greenall's(格利挪尔斯)、Boodles(博德尔斯)、Booth's(博士)、Burnett's(伯内茨)、Plymouth(普利莫斯)、Walker's(沃克斯)、Wiser's(怀瑟斯)、Seagram's(西格兰姆斯),等等。

伦敦干金酒也可以冰镇后纯饮。冰镇的方法有很多,例如,将酒瓶放入冰箱或冰桶,或在倒出的酒中加冰块,但大多数客人喜欢将之用于混饮(即做混合酒的基酒)。

3. 美式金酒(American Gin)

美国金酒为淡金黄色,因为与其他金酒相比,它要在橡木桶中陈年一段时间。美国金酒主要有蒸馏金酒(Distiledgin)和混合金酒(Mixedgin)两大类。通常情况下,美国的蒸馏金酒在瓶底部有"D"字,这是美国蒸馏金酒的特殊标志。混合金酒是用食用酒精和杜松子简单混合而成的,很少用于单饮,多用于调制鸡尾酒。

4. 其他国家的金酒

金酒的主要产地除荷兰、英国、美国以外还有德国、法国、比利时等国家。比较常见和有名的金酒有:辛肯哈根·德国(schinkenhager)、布鲁克人·比利时(Bruggman)、西利西特·德国(Schlichte)、菲利埃斯·比利时(Filliers)、多享卡特·德国(Doornkaat)、弗兰斯·比利时(Fryns)、克丽森·法国(Claessens)、海特·比利时(Herte)、罗斯·法国(Loos)、康坡·比利时(Kampe)、拉弗斯卡德·法国(Lafoscade)、万达姆·比利时(Vanpamme)、布苓吉维克·南斯拉夫(Brinevec)。

干金酒中有一种叫Sloegin的金酒,但它不能称为杜松子酒,因为它所用的原料是一种野生李子,名叫黑刺李。Sloegin 习惯上可以称为"金酒",但要加上"黑刺李",称为"黑刺李金酒"。

四、金酒的服务

(1)在酒吧,每份金酒的标准用量为28ml。

(2)金酒用于餐前或餐后饮用,饮用时需稍加冰镇。可以净饮(以荷式金酒最常见),将酒放入冰箱、冰桶或使用冰块降温。

(3)净饮时,常用利口杯或古典杯。

(4)金酒也是常用的基酒,也可以兑水或碳酸饮料饮用(以伦敦干金酒最常见)。

第六节　朗姆酒

朗姆酒(Rum)是以甘蔗糖蜜为原料生产的一种蒸馏酒,也称为"兰姆酒"。它是用甘蔗压出来的糖汁,经过发酵、蒸馏而成。此种酒的主要生产特点是:选择特殊的生香(产酯)酵母和加入产生有机酸的细菌,共同发酵后,再进行蒸馏陈酿。

一、朗姆酒的起源与发展

朗姆酒的原产地是加勒比海地区的西印度群岛。17 世纪,在巴巴多斯岛,一位精通蒸馏技术的英国移民,成功地研制出以甘蔗为原料的朗姆酒。刚刚研制出来的朗姆酒口味十分强烈,使得初次品尝此酒的人一个个酩酊大醉,十分兴奋。而"兴奋"一词当时在英语中为"Rumbullion",于是他们便用这个词的前三个字母来命名这种新酒,把它称为"Rum"。这种酒主要给种植园的奴隶饮用,以缓解他们劳作的艰辛。18 世纪,朗姆酒开始在英国和它的北美殖民地流行。当时新英格兰用进口糖浆制作朗姆酒。早期的朗姆酒口味偏甜,辛辣。

当今朗姆酒也在随着人们口味的变化而变化。目前朗姆酒的交易中心在西印度群岛、加勒比海和南美沿岸地区。朗姆酒在美洲的历史和世界经济中扮演着重要的角色。

二、朗姆酒的酿造工艺

1.原料

朗姆酒生产的原料为甘蔗汁、糖汁或糖蜜。甘蔗汁原料适合于生产清香型朗姆酒。甘蔗汁经真空浓缩被蒸发掉水分,可得到一种较厚的带有黏性液态的糖浆,适宜于制作浓香型朗姆酒。

2. 原料预处理

糖蜜的预处理可分成几个不同的阶段:首先要通过澄清去除胶体物质,尤其是硫酸钙,在蒸馏时会结成块状物质。糖蜜预处理的最后阶段是用水稀释,经冲稀后的低浓度溶液中,总糖含量 10g ~ 12g/100ml,是适宜的发酵浓度,并添加硫酸铵或尿素。

3. 酿制

朗姆酒的传统酿造方法:先将榨糖余下的甘蔗渣稀释,然后加入酵母,发酵 24 小时以后,蔗汁的酒精含量达 5°至 6°,俗称"葡萄酒"。

4. 蒸馏

第一个蒸馏柱内上下共有 21 层,由一个蒸汽锅炉将蔗汁加热至沸腾,使酒精蒸发,进入蒸馏柱上层,同时使酒糟沉入蒸馏柱下层,以待排除。陈化朗姆酒的年度质控经过这一工序后,蒸馏酒精进入第二较小的蒸馏柱进行冷却、液化处理。第二个蒸馏柱有 18 层,用于浓缩。以温和的蒸汽处理,可根据酒精所含香料元素的比重分别提取酒的香味:重油沉于底部,轻油浮于中间,最上层含重量最轻的香料,其中包括绿苹果香元素。只有对酒精香味进行分类处理,酿酒师才能够随心所欲地配兑朗姆酒的香味。

朗姆酒呈微黄、褐色,具有细致、甜润的口感,芬芳馥郁的酒精香味。朗姆酒是否陈年并不重要,主要看是不是原产地。

三、朗姆酒的分类

1. 根据风味特征分

(1)浓香型

浓香型朗姆酒是由掺入榨糖残渣的糖蜜在天然酵母菌的作用下缓慢发酵制成的。酿成的酒在蒸馏器中进行 2 次蒸馏,生成无色的透明液体,然后在橡木桶中熟化 5 年以上。浓香朗姆酒呈金黄色,酒香和糖蜜香浓郁,味辛而醇厚,酒精含量 45° ~ 50°。

浓香型朗姆酒以牙买加的为代表。

(2)清淡型

清淡型朗姆酒是用甘蔗糖蜜、甘蔗汁加酵母进行发酵后蒸馏,在木桶中储存多年,再勾兑配制而成。酒液呈浅黄到金黄色,酒度在 45° ~ 50°。

清淡型朗姆酒主要产自波多黎各和古巴,它们有很多类型并具有代表性。

2. 根据原料及酿造方法分

(1)银朗姆(Silver Rum)

银朗姆又称白朗姆,是指蒸馏后的酒需经活性炭过滤后入桶陈酿一年以上。

酒味较干,香味不浓。

(2)金朗姆(Golden Rum)

金朗姆又称琥珀朗姆,是指蒸馏后的酒需存入内侧灼焦的旧橡木桶中至少陈酿三年。酒色较深,酒味略甜,香味较浓。

(3)黑朗姆(Dark Rum)

黑朗姆又称红朗姆,是指在生产过程中需加入一定的香料汁液或焦糖调色剂的朗姆酒。酒色较浓(深褐色或棕红色),酒味芳醇。

四、朗姆酒著名品牌

1.百加得(Bacardi)

百加得创始人在1862年创制而成,经由陈年酿制,具有不凡的甘醇和清新口感。它可以和任何软饮料调和,直接加果汁或者放入冰块后饮用,被誉为"随瓶酒吧",是热门酒吧的首选品牌,一直被用来调制全球传奇的鸡尾酒。

2.混血姑娘(Mulata)

甘蔗朗姆酒,由维亚克拉拉圣菲朗姆酒公司生产。将蒸馏后的酒置于橡木桶内熟成,有多种香型和口味。

3.摩根船长(Captain Morgan)

由林肯朗姆制造,由摩根·冒路卡路公司生产,与一般的朗姆酒不同,它使用了辣椒并带有天然的香气。1983年,以热带朗姆酒为原料制造的新产品高路特诞生。

4.郎立可莱姆(Ronrico)

普路拖利库生产的朗姆酒。1860年创立,酒名是由朗姆和丰富两个词合并而成的。酒品分为白色和蓝色,哥录特型酒是需要木桶熟成的。

5.拉姆斯(Lambs)

马铃薯朗姆酒,属浅色类型。英国海军与朗姆酒的关系源远流长,并且留有许多轶事。1655年至1970年的每一天,英国海军都要发放朗姆酒,此酒的酒名是由海军士兵们起的。

6.奇峰(Mount Gay)

由西印度群岛的克依公司生产。酒名是由17世纪同一岛屿上的农场主克依而来的。同时,该岛也被称为朗姆酒的发祥地。该酒使用橡木桶熟成。

7.柠檬哈姿(Lemon Hart)

嘎纳产朗姆酒,哈托是经营砂糖和朗姆酒的贸易商,曾经为英国海军供应过朗姆酒。1804年开始经营品牌。此酒为75.5°的烈性朗姆酒,由巴罗公司生产。

8.唐吉诃德(don Q)

此酒由塞拉内公司生产,酒名就叫唐Q,商标中对香味和口味均有描述,此酒属浅色品种。除了金色外还有水晶色。

9. 帕萨姿(Pusser's Rum)

又尾津岛的朗姆制造,市场上销售的是 1970 年的新品,此酒以前一直是英国海军的特供品。由帕萨姿公司生产,产品分为浅色和蓝色。

10. 哈瓦那俱乐部(Havana Club)

11. 美雅士(Myers's Rum)

12. 克莱蒙(Clement)

13. 马利宝(Malibu)

五、朗姆酒的服务

(1)纯饮:陈年浓香型朗姆酒可作为餐后酒纯饮。载杯为利口杯。

(2)加冰:载杯,古典杯。

(3)兑饮:可作为鸡尾酒基酒,可兑果汁饮料、碳酸饮料并加冰块。载杯为柯林杯。

第七节　特基拉酒

特基拉是墨西哥的一个小镇,此酒以产地得名。特基拉酒有时也被称为"龙舌兰"烈酒,是因为此酒的原料很特别,以龙舌兰(Agave)为原料。龙舌兰是墨西哥的特产,被称为墨西哥的灵魂。

龙舌兰(Agave,墨西哥当地人又称其为 Maguey)是种墨西哥原生的特殊植物,虽然它经常被认为是一种仙人掌,实际上却与百合(孤挺花,Amaryllis)较为接近。龙舌兰拥有很大的茎部,当地人称其为龙舌兰的心。其外形非常像一个巨大的凤梨,内部多汁富含糖分,因此非常适合发酵酿酒。早在欧洲人发现新大陆之前,当地的印第安文明就已知道用龙舌兰汁酿酒的技术(也就是 Pulque),而以这类发酵酒为材料进一步制造出的蒸馏酒,则称为 Mezcal。

一、特基拉酒的起源与发展

印第安人有种传说,说天上的神以雷电击中生长在山坡上的龙舌兰,而创造出龙舌兰酒,实际上这说法并不合理。这个传说反而告诉我们,龙舌兰早在古印第安文明的时代,就被视为是一种非常有神性的植物,是天上的神给予人们的恩赐。

早在西元三世纪时,居住于中美洲地区的印第安文明早已发现发酵酿酒的技术,他们取用生活里面任何可以得到的糖分来源来造酒,除了他们的主要作物玉米与当地常见的棕榈汁之外,含糖分不低又多汁的龙舌兰,也自然而然地成为造酒的原料。以龙舌兰汁经发酵后制造出来的 Pulque 酒,经常被用来作为宗教信仰用途,除了饮用之后可以帮助祭司们与神明的沟通(其实是饮酒后产生的酒醉或幻觉现象),他们在活人祭献之前会先让牺牲者饮用 Pulque,使其失去意识或至少降低反抗能力,而方便仪式的进行。

来自大西洋彼岸、西班牙的征服者(Conquistador)们将蒸馏术带来新大陆之前,龙舌兰酒一直保持着其纯发酵酒的身份。西班牙人想在当地寻找一种适合的原料,以取代他们从家乡带来的、不足以满足他们庞大消耗量的葡萄酒或其他欧洲烈酒。于是,他们看上了有着奇特植物香味的 Pulque,但又嫌这种发酵酒的酒精度远比葡萄酒低,因此尝试使用蒸馏的方式提升 Pulque 的酒精度,于是以龙舌兰制造的蒸馏酒诞生了。由于这种新产品是用来取代葡萄酒的,因此获得了 Mezcalwine 的名称。

Mezcalwine 的雏形经过了非常长久的尝试与改良后,才逐渐演变成为我们今日见到的 Tequila。而在这进化的过程中,它也经常被赋予许多不尽相同的命名,Mezcalbrandy、Agavewine、Mezcaltequila,最后才变成我们今天熟悉的 Tequila——这名称很显然是取自盛产此酒的城镇名。

龙舌兰酒商业生产化的祖师爷荷塞·奎沃(José Cuervo),在 1893 年的芝加哥世界博览会上获奖时,他的产品是命名为龙舌兰白兰地(Agave Brandy)的。当时几乎所有的蒸馏酒都被称为白兰地,例如金酒(Gin Brandy)。

Tequila,则严格规定只能使用龙舌兰多达 136 种的分支里面,品质最优良的蓝色龙舌兰(Blue Agave)作为原料。这种主要是生长在哈里斯科州海拔超过 1500 米的高原与山地之品种,最早是由德国植物学家佛朗兹·韦伯(Franz Weber)在 1905年时命名分类,因此获得 Agavetequilanaweberazul 的学名。依照法律规定,只有在允许的区域内使用蓝色龙舌兰作为原料的龙舌兰酒,才有资格冠上 Tequila 之名在市场上销售。依照这定义,Tequila 也是 Mezcal 的一种,其地位有点类似干邑白兰地(Cognac)之于所有的法国白兰地一般。

二、特基拉酒的酿造工艺

1. 栽种

与其他酒类经常使用的原料,龙舌兰酒使用的是一种非常特殊且奇异的糖分来源——蕴含在龙舌兰草心(鳞茎)汁液里面的糖分。Tequila 使用蓝色龙舌兰的汁液作为原料,根据土壤、气候与耕种方式,这种植物拥有八到十四年的平均成长期。相比之下,Mezcal 所使用的其他龙舌兰品种在成长期方面普遍较蓝色龙舌兰短。

根据法规,只要使用的原料有超过51%是来自蓝色龙舌兰草,制造出来的酒就有资格称为Tequila,其不足的原料是以添加其他种类的糖(通常是甘蔗提炼出的蔗糖)来代替,称为Mixto。有些Mixto是以整桶的方式运输到不受墨西哥法律规范的外国包装后再出售,不过,法规规定唯有100%使用蓝色龙舌兰作为原料的产品,才有资格在标签上标示"100% BlueAgave"的说明在墨西哥销售。

龙舌兰草一旦栽种下去,需等待至少八年的光阴才能采收。在制酒的原料植物里面,其等待收成的时间可说是数一数二的漫长。有些比较强调品质的酒厂甚至会进一步让龙舌兰长到12年的程度后才收成,因为植物长得越久,里面蕴含可以用来发酵的糖分就越高。接近采收期的植物,其叶子部分会被预先砍除,以便激发植物的熟成效应。有些种植者会在龙舌兰成长的过程中施肥与除虫,但龙舌兰田(Camposdeagave)却是完全不需要灌溉,这是因为实验发现人工灌溉虽然会让龙舌兰长得更大,却不会增加其糖分含量,龙舌兰成长所需的水分,全都是来自每年雨季时的降水。

2. 收割

栽种与采收龙舌兰是种非常传统的技艺,有些栽植者本身是采取世袭制度在传递相关知识,称为Jimador。由于原本从地底下开始生长,并且慢慢破土而出的龙舌兰"心"会在植物成年后长出高耸的花茎(Quixotl,其高度有时可以超过5米),大量消耗花心里面的糖分,因此及时将长出来的花茎砍除,也是Jimador必须执行的工作之一。

采收时,Jimador需先把长在龙舌兰心上面多达上百根的长叶铲除,然后再把凤梨状的肉茎从枝干上砍下。通常这"心"的部分重量有80~300磅(约合35~135千克),某些长在高地上的稀有品种,甚至会重达500磅(200千克)以上。一个技术优良的Jimador一天可以采收超过一吨重的龙舌兰心,原料到了酒厂后,通常会被十字剖成四瓣,以方便进一步的蒸煮处理。

3. 烹煮

有些酒厂在接收到收割回来的龙舌兰心后,会先将其预煮,以便去除草心外部的蜡质或没有砍干净的叶根,因为这些物质在蒸煮的过程中会散发出不受欢迎的苦味。使用现代设备的酒厂则是以高温的喷射蒸气来达到相同的效果。

传统上,蒸馏厂会用蒸汽室或是西班牙文里面称为Horno的石造或砖造烤炉,慢慢地将切开的龙舌兰心煮软,需时长达50~72小时。在摄氏60~85度的慢火烘烤之下,其植物纤维会慢慢软化、释放出天然汁液,但又不会因为火力太强太快而煮焦,让汁液变苦或不必要地消耗掉宝贵的可发酵糖分。另外,使用炉子烘烤龙舌兰的另外一个好处是,比较好地保持植物原有的风味。不过,由于大规模商业生产的需求,现在许多大型的蒸馏厂比较偏向使用高效率的蒸汽高压釜(Autoclaves)

或压力锅来蒸煮龙舌兰心,大幅缩短过程耗时到一日以内(8 至 14 小时)。

蒸煮的过程除了可以软化纤维释放出更多的汁液外,也可以将结构复杂的碳水化合物转化成可以发酵的醣类。直接从火炉里面取出的龙舌兰心尝起来非常像番薯或是芋头,但多了一种龙舌兰特有的气味。传统作法的蒸馏厂会在龙舌兰心煮好后冷却 24 ~ 36 小时,再进行磨碎除浆,不过也有一些传统酒厂刻意保留这些果浆,一同拿去发酵。

当龙舌兰心彻底软化且冷却后,工人会拿榔头将它们打碎,并且移到一种使用驴子或牛推动、被称为 Tahona 的巨磨内磨得更碎。现代的蒸馏厂除了可能会以机械的力量来取代兽力外,有些酒厂甚至会改用自动辗碎机来处理这些果浆或碎渣,将杂质作为饲料或肥料使用。至于取出的龙舌兰汁液(称为 Aquamiel,意指糖水)则在掺调一些纯水之后,放入大桶中等待发酵。

4. 发酵

工人会在称为 Tepache 的龙舌兰草汁上撒上酵母,虽然根据传统做法,制造龙舌兰酒使用的酵母采集自龙舌兰叶上,但现在大部分的酒厂都是使用以野生菌株培育的人工酵母,或者商业上使用的啤酒酵母。有些传统的 Mezcal 或是 Pulque 酒,是利用空气中飘散的野生酵母造成自然发酵,但在 Tequila 之中只有老牌的马蹄铁龙舌兰(Tequila Herradura)一家酒厂是强调使用这样的发酵方式。不过,有人认为依赖天然飘落的酵母,风险太大,为了抑制不想要的微生物滋生,往往还得额外使用抗生素来控制产品稳定度,利与弊颇有争议。

用来发酵龙舌兰汁的容器可能是木造或现代的不锈钢酒槽,如果保持天然的发酵过程,其耗时往往需要 7 ~ 12 天之久。为了加速发酵过程,许多现代化的酒厂通过添加特定化学物质的方式加速酵母的增产,把时间缩短到两三日内。较长的发酵时间可以换得较厚实的酒体,酒厂通常会保留一些发酵完成后的初级酒汁,用来当作下一次发酵的引子。

5. 蒸馏

当龙舌兰汁经过发酵过程后,制造出来的是酒精度在 5% ~ 7%、类似啤酒的发酵酒。传统酒厂会以铜制的壶式蒸馏器进行两次蒸馏,现代酒厂则使用不锈钢制的连续蒸馏器,初次的蒸馏耗时一个半到两个小时,制造出来的酒其酒精度约在 20% 上下。第二次的蒸馏耗时 3 ~ 4 小时,制造出的酒拥有约 55% 的酒精度。

原则上每一批次的蒸馏都被分为头中尾三部分,初期蒸馏出来的产物酒精度较高但含有太多醋醛(Aldehydes),因此通常会被丢弃。中间部分是品质最好的,也是收集起来作为产品的主要部分。至于蒸馏到末尾时产物里面的酒精与风味已经开始减少,部分酒厂会将其收集起来加入下一批次的原料里再蒸馏,其他酒厂则是直接将其抛弃。有少数强调高品质的酒厂,会使用三次蒸馏来制造 Tequila,

但太多次的蒸馏往往会减弱产品的风味,因此其必要性常受到品酒专家的质疑。相比之下,大部分的 Mezcal 都只进行一次蒸馏,虽然少数高级品会进行二次蒸馏。

从龙舌兰采收到制造出成品,大约每 7 千克的龙舌兰心,才制造出 1 升的酒。

6. 陈年

刚蒸馏完成的龙舌兰新酒,是完全透明无色的,市面上看到有颜色的龙舌兰都是因为放在橡木桶中陈年过,或是因为添加酒用焦糖的缘故(只有 Mixto 才能添加焦糖)。陈年龙舌兰酒所使用的橡木桶来源很广,最常见的还是美国输入的二手波本威士忌酒桶,但也不乏酒厂会使用些更少见的选择,例如,西班牙雪利酒、苏格兰威士忌、法国干邑白兰地使用全新的橡木桶。龙舌兰酒并没有最低的陈年期限要求,但特定等级的酒则有特定的最低陈年时间。白色龙舌兰(Blanco)是完全未经陈年的透明新酒,其装瓶销售前是直接放在不锈钢酒桶中存放,或一蒸馏完就干脆直接装瓶。

大部分的酒厂都会在装瓶前,以软化过的纯水将产品稀释到所需的酒精强度(一般是 37% ~40%,也有少数产品酒精度超过 50%),并且经过最后的活性炭或植物性纤维过滤,完全将杂质去除。

如同其他的酒类,每一瓶龙舌兰酒里面所含的酒液,都可能来自多桶年份相近的产品,利用调和的方式确保产品口味的稳定。不过,也正由于这个缘故,高级龙舌兰酒市场里偶尔也可以见到稀有的"Single Barrel"产品,跟苏格兰威士忌或法国干邑的原桶酒类似,特别强调整瓶酒都是来自特定一桶酒,并且附上详细的木桶编号、下桶年份与制作人名称,限量发售。所有要装瓶销售的龙舌兰酒,都需要经过Tequila 规范委员会(Consejo Reguladordel Tequila,CRT)派来的人员检验确认后,才能正式出售。

Pulque——这是一种用龙舌兰草的心为原料,经过发酵而制造出的发酵酒类,最早由古代的印第安文明发现,在宗教上有不小的用途,也是所有龙舌兰酒的基础原型。由于没有经过蒸馏处理,酒精度不高,目前在墨西哥许多地区仍然有酿造。

Mezcal——其实可说是所有以龙舌兰草心为原料的蒸馏酒的总称。简单说来,Tequila 是 Mezcal 的一种,但并不是所有的 Mezcal 都能称作 Tequila。开始时,无论是制造地点、原料或作法,Mezcal 都比 Tequila 的范围来得广泛、规定不严谨。但近年来 Mezcal 也渐渐有了较为确定的产品规范以便能争取到较高的认同地位,与 Tequila 分庭抗礼。

Tequila——是龙舌兰酒一族的顶峰,只有在某些特定地区、使用一种被称为蓝色龙舌兰草(Blue Agave)的植物为原料所制造的此类产品,才有资格冠上 Tequila之名。

三、特基拉的等级

1. Blanco 或 Plata

Blanco 与 Plata 分别是西班牙文里面"白色"与"银色"的意思,在龙舌兰酒的领域里面,它可以被视为是一种未陈年酒,并不需要放入橡木桶中陈年。

在此类龙舌兰酒里面,有些酒是直接在蒸馏完成后就装瓶,有些则是储存在不锈钢容器中,但也有些酒厂为了让产品能比较顺口,选择短暂地放入橡木桶中陈放。一般酒类产品的陈年标准都是规定存放时间的下限,而 Blanco 等级的龙舌兰规定的却是上限,最多不可超过 30 日。

注意一点,Blanco 这种等级标示只说明了产品的陈年特性,却与成分不完全相关,在这等级的酒中也有成分非常纯正的"100% Agave"产品存在,不见得都是混制酒 Mixto。

Blanco 等级的龙舌兰酒通常都拥有比较辛辣、直接的植物香气,但在某些喜好此类酒款的消费者眼中,白色龙舌兰酒才能真正代表龙舌兰酒与众不同的风味特性。

2. Joven Abocado

Joven Abocado 在西班牙文里指"年轻且爽口的",此等级的酒也常被称为 Oro (金色的)。基本上,金色龙舌兰跟白色龙舌兰是一样的,金色的酒加上局部的调色与调味料(包括酒用焦糖与橡木淬取液,其重量比不得超过 1%),使得它们看起来有点像是陈年的产品。

以分类来说,这类酒全都属于 Mixto。虽然理论上没有 100% 龙舌兰制造的产品高级,但在外销市场上,这类等级的酒因为价格实惠,因此仍然是销售上的主力。

3. Reposado

Reposado 在西班牙文里指"休息过的",意指此等级的酒经过一定时间的橡木桶陈放,只是还放不到满一年的程度。

存放在木桶里,通常会让龙舌兰酒的口味变得比较浓厚、复杂一点,因为酒会吸收部分橡木桶的风味或颜色,时间越长颜色越深。Reposado 的陈放时间介于两个月到一年,目前此等级的酒销售量最大,占墨西哥本土酒 60%。

4. A&ntildeejo

A&ntildeejo 在西班牙文里面原意是指"陈年过的",简单来说,就是橡木桶陈放的时间超过一年以上的酒,都属于此等级,没有上限。不过有别于前三种等级,陈年龙舌兰酒受到政府的管制,在制作上严格许多,它们必须使用容量不超过 350 升的橡木桶封存,由政府官员上封条。虽然规定只要超过一年的都可称为 A&ntildeejo,但有少数非常稀有的高价产品。例如,Tequila Herradura 的顶级酒款

"Selección Suprema",就是陈年超过四年的超高价产品之一,其市场行情甚至不输给一瓶陈年 30 年的苏格兰威士忌。

一般龙舌兰最适合的陈年期限是 4~5 年,之后桶内的酒精会挥发过多。

除了少数陈年有 8~10 年的特殊酒款外,大部分的 A&ntildeejo 都是在陈年时间满了后,直接移到无陈年效用的不锈钢桶中保存等待装瓶。Reposado 与 A&ntildeejo 等级的 Tequila 并没有规定必须是以 100% 龙舌兰为原料,如果产品的标签上没有特别加上说明,那么这就是一瓶陈年的 Mixto 混合酒,例如,潇洒龙舌兰(Tequila Sauza)的 Sauza Conmemorativo,就是一瓶少见的陈年 Mixto 酒。

除了以上四种官方认可的等级分法外,酒厂也可能以这些基本类别的名称做变化,或者自创等级命名来促销产品,例如,Gran Reposado、Tres A&ntildeeJos 或 Blanco Suave 等。Reserva de Casa 也是一种偶尔会见到的产品名称,通常是指该酒厂最自豪的顶级招牌酒,但这些不同的命名全是各酒厂在营销上的技巧,只有上述四种才具有官方的约束力量。

四、特基拉的酒标标识

每一瓶真正经过认证而售出的 Tequila,都应该有一张明确标示的标签,这张标签通常不只是简单地说明产品的品牌,同时还蕴藏着许多重要的讯息。

1. 级别

也就是前述的 Blanco,Joven Abocado,Reposado 与 A&ntildeejo 四个产品等级,这些等级的标示必须符合政府的相关法规,不能依照厂商想法随意标示。

2. 纯度标示

唯有标示"100% Agave"(或是更精确的叫法:100% Blue Agave 或 100% Agave Azul)的 Tequila,我们才能确定这瓶酒里面的每一滴液体,都是来自天然的龙舌兰草,没有其他的糖分来源或添加物(稀释用的纯水除外)。

3. 蒸馏厂注册号码

蒸馏厂注册号码,英文为"Normas Oficial Mexicana"(墨西哥官方标准,又简称为 NOM),是每一家经过合法注册的墨西哥龙舌兰酒厂都会拥有的代码。目前墨西哥约有 70 家左右的蒸馏厂,制造出超过 500 种的品牌销售国内外,NOM 码等于是这些酒的"出生证明")。

4. Hecho en Mexico

西班牙文里"墨西哥制造"的意思。墨西哥政府规定,所有该国生产的龙舌兰酒都必须标示上 Hecho en Mexico,没有这样标示的产品,则可能是一款不在该国境内制造包装、不受该国规范保障与限制的产品。

5. CRT 标章

该标章的出现代表这瓶产品是有受到 CRT(Consejo Reguladordel Tequila,龙舌兰酒规范委员会)的监督与认证。然而,它只保证了产品符合法规要求的制造程序,并不确保产品的风味与品质表现。

6. Hacienda

Hacienda 是西班牙文里类似"庄园"的意思,这个词经常会出现在制造龙舌兰酒的酒厂地址里。因为,许多墨西哥最早的商业酒厂,当初都是富人们在自己拥有的庄园里面现地创立,并且将这习俗一直流传至今。

其名品有:Cuervo(凯尔弗)、EI Toro(斗牛士)、Sauza(索查)、Ole(欧雷)、Mari-achi(玛丽亚西)、Tequila Aneio(特基拉安乔)。

五、特基拉酒的服务

1. 饮用方法

(1)传统的饮用方法

先准备烈性酒杯、消毒毛巾、盐、柠檬、酒。饮用时归结为"抹、洒、舔、嚼、喝"五个字,即:将1盎司特基拉放进烈性酒杯中;用消毒毛巾将虎口擦净,再用柠檬角将虎口抹一遍;将盐均匀地洒在虎口上;用舌头舔盐;放一片柠檬片到嘴里嚼;一口将酒饮净。

(2)流行喝法

先准备适量的杯垫、古典杯、雪碧、酒、柠檬汁。具体步骤为:将适量的杯垫放在杯底,起防震作用;在杯中加入1盎司的特基拉,再滴入适量的柠檬汁和八分满的雪碧;用杯垫盖住杯口,用手抓起杯身往桌上一拍;掀开杯垫一饮而尽。

2. 加冰

在古典杯中加入冰块,倒入1盎司特基拉,加入一片柠檬片。

3. 兑饮

将1盎司特基拉倒入古典杯或柯林杯中,倒入果汁。

 **本章自测题**

1. 白兰地(Brandy)一词最早由(　　　)得来。

A. 法语　　　　　　B. 荷兰语　　　　　　C. 德语　　　　　　D. 意大利语

2. 法国干邑区的6个区域中,大香槟区属于(　　　)。

A. 头等产区　　　　B. 普通林区　　　　　C. 优质林区　　　　D. 优良林区

3. 法国干邑酒的星级评定系统是(　　　)公司于1811年首创的表示方法。

A. Martell　　　　　B. Remy Martin　　　　C. Hennessy　　　　D. Napoleon

4. 法国干邑酒在瓶标上标示:VSOP,表示其酒龄最起码超过(　　　)。

A. 2 年　　　　　　B. 4 年　　　　　　　C. 6 年　　　　　　D. 10 年

5. 德基拉酒(Tequila)是一种以( )为原料的烈性酒。

A. 蛇麻花   B. 龙舌兰   C. 甘蔗   D. 土豆

6. ( )地区的威士忌气味焦香,具有特殊的烟熏味道。

A. 苏格兰   B. 爱尔兰   C. 美国   D. 加拿大

7. 世界上最大的威士忌生产国和消费国是( )。

A. 苏格兰   B. 爱尔兰   C. 美国   D. 加拿大

8. 美国波本威士忌的原料配比中,玉米至少占原料用量的( )。

A. 51%   B. 55%   C. 75%   D. 81%

9. 被称为鸡尾酒的心脏的是( )。

A. 威士忌   B. 金酒   C. 伏特加   D. 白兰地

10. 除干邑(Cognac)地区之外,法国另一个世界级的白兰地产区是( )。

A. 普罗旺斯   B. 阿尔萨斯   C. 雅文邑   D. 波尔多

第4章　配制酒

学习目标

通过本章的学习,使学生掌握配置酒的定义、分类,熟悉各种配制酒的基酒、调配物以及加工方法,掌握各种配制酒的饮用场合、饮用方法和著名品牌、产地。

配制酒是以发酵酒或蒸馏酒为基酒,向里面加入药材、香料等物质,并通过浸泡、混合、勾兑等方法加工而成的酒精饮料。

配制酒的方法很多,常用的有浸泡、混合、勾兑等几种配制方式。

1. 浸泡制法

此法多用于药酒的酿制,方法是:将蒸馏后得到的高度蒸馏酒液或发酵后经过滤清的酒液按配方放入不同的药材或动物,然后装入容器中密封起来。经过一段时间的浸泡后,药的有效成分溶解于酒液中,人饮用后便会得到不同的治疗效果,起到强身健体的作用。如:国外的味美思酒(Vermouth)、比特酒(Bitter),中国的人参酒、三蛇酒,等等。

2. 混合制法

此法是把蒸馏后的酒液(通常采用高度蒸馏酒液)加入果汁、蜜糖、牛奶或其他液体混合制成。如:常见的许多国外的利口酒就是采用此种方式配制而成。

3. 勾兑

这也是一种酿制工艺,通常可以将两种或数种酒兑和在一起,例如将不同地区的酒勾兑在一起,高度数酒和低度数酒勾兑在一起,年份不同的酒混合勾兑在一起,以使其形成一种新的口味,或者得到色、香、味更加完美的酒品。

第一节　餐前酒

餐前酒(Aperitif)也称开胃酒,是指在餐前饮用的,喝了以后能刺激人的胃口、使人增加食欲的饮料。开胃酒通常用药材浸制而成,分为味美思、比特等品种。

一、味美思

味美思(Vermouth),以葡萄酒为基酒,加入植物及药材(如:苦艾、龙胆草、白芷、紫苑、肉桂、豆蔻、鲜橙皮)等浸制而成。它因特殊的植物芳香而"味美",是餐前开胃酒。

味美思含有 15% ～20% 的酒精,属于强化葡萄酒的一种。最为著名的是法国和意大利的味美思。

1.味美思的起源

这种酒有悠久的历史。据说古希腊王公贵族为滋补健身、长生不老,用各种芳香植物调配开胃酒,饮后食欲大增。到了欧洲文艺复兴时期,意大利的都灵等地渐渐形成以"苦艾"为主要原料的加香葡萄酒,叫作"苦艾酒",即 Vermouth(味美思)。至今世界各国所生产的"味美思"都是以"苦艾"为主要原料的。所以,人们普遍认为,味美思起源于意大利,而且至今仍然是意大利生产的"味美思"最负盛名。

我国正式生产国际流行的"味美思"是从 1892 年烟台张裕葡萄酿酒公司创办开始的。张裕葡萄酿酒公司是我国生产"味美思"最早的厂家。

2.味美思酒的酿造工艺

味美思的生产工艺,要比一般的红、白葡萄酒复杂。它首先要生产出干白葡萄酒作原料。优质、高档的味美思,要选用酒体醇厚、口味浓郁的陈年干白葡萄酒才行。然后选取二十多种芳香植物或者把这些芳香植物直接放到干白葡萄酒中浸泡,或者把这些芳香植物的浸液调配到干白葡萄酒中去,再经过多次过滤和热处理、冷处理,经过半年左右的储存,才能生产出质量优良的味美思。味美思的制造者对自己的配方是保密的,但大体上有:蒿属植物、金鸡纳树皮、苦艾、杜松子、木炭精、鸢尾草、小茴香、豆蔻、龙胆、牛至、安息香、可可豆、生姜、芦荟、桂皮、白芷、春白菊、丁香,等等。

3.味美思酒的分类

(1)按生产地区分类

目前世界上味美思有三种类型,即意大利型、法国型和中国型。

①意大利型(Italy Vermouth)

意大利酒法规定味美思须以 75% 以上的干白葡萄酒为原料,且原酒不应带有明显的芳香,所用的芳香植物多达三四十种,但以苦艾为主,故成品酒具有特殊的芳香,略呈苦味,故又名苦艾酒。

著名品牌:

A. 马天尼(Martini)

由意大利马天尼酒厂生产。该厂是全世界规模最大的味美思企业,位于意大利北部都灵城内,注册商标为 Martini,产品质量称雄于 70% 的味美思市场,故人们通常将马天尼味美思简称为"马天尼"。

马天尼主要有如下三种：

● 马天尼干(Dry)——18%,无色透明,因该酒在制作的蒸馏过程中加入了柠檬皮及新鲜的小红莓,故酒香浓郁。

● 马天尼半干(Bianco)——16%,呈浅黄色,含有香兰素等香味成分。

● 马天尼甜(Sweet)——16%,呈红色,具有明显的当归药香,含有草药味和焦糖香。

B. 仙山露(Cinzano)

它与马天尼一样具有一定的苦涩味,也有干、半干、甜之分。

C. 干霞(Gancia)

Gancia 公司位于意大利皮埃蒙特,Ganciver Mouth Rosso 750ml 装色泽深红,芳香四溢,口味甘甜;Ganciver Mouth Dry 750ml 装为不甜型产品。

D. 利开多纳(Riccadonna)

Ottavio Riccadonna 公司位于皮埃蒙特,Riccadonna Rosso 750ml 瓶装,为甘甜产品。Riccadonna Extra Dry 750ml 瓶装,为清爽不甜型产品。

E. 卡帕诺(Carpano)

卡帕诺酒精含量为 15% ~18% ;含糖量甜型为 180g/L、干型为 20g/L;总酸为5.5~6.5g/L。制作过程:以芳香植物等材料与原酒调制,在 -10℃的环境中冷冻10 多天后,经硅藻土过滤机过滤,并储存 4~5 个月,即可装瓶。

F. 咖仑(Garrone)

②法国型(France Vermouth)

法国的味美思按酒法规定,须以 80% 的白葡萄酒为原料,所用的芳香植物也以苦艾为主。成品酒含糖量较低,为 40g/L 左右,呈禾秆黄色,具有老酒香,口味淡雅、苦涩味明显,更具有刺激性。

著名品牌:

A. 香百利(Chambery)

Ets Chambery_comoz 公司位于法国,Sweet Chambery 为红苦艾酒,芳香浓郁,酒精含量稍高,为 18% Extra Sec Chambery 为白苦艾酒。

B. 杜法尔(Cuval)

制作过程:将植物香料切碎后,与原酒浸泡 5~6 天,静置澄清 14 天,再加入苦杏仁壳浸(1:2 食用酒精 85% 浸泡两个月),及白兰地混合即可。

C. 诺瓦丽·普拉(Noilly Prat)

③中国型

是在国际流行的调香原料以外,又配入我国特有的名贵中药,工艺精细,色、香、味完整。

（2）按色泽分类

①红味美思

含糖量 13% ~15%，甜味较重，比较适合女士饮用。

②白味美思

含糖量在 4% 以下，香味强烈但口感略显干涩，适宜调制鸡尾酒。

（3）按含糖量分类

可分为干、半干、甜三种。干味美思通常为无色透明或浅黄色，含糖量为 2%；甜味美思呈红色或玫瑰红色，甜味美思的糖分为 15% ~18%，其名声大于干味美思。

二、比特酒

比特酒（Bitters），又称苦酒或必打士，产于意大利米兰的菲奈特·布兰卡（Fernet Branca）。该酒是在葡萄酒或蒸馏酒中加入树皮、草根、香料及药材浸制而成的酒精饮料，酒味苦涩，酒度在 16°~40°。

意大利最有名的比特酒，创始于 1845 年的布兰卡家族，一直以来都延续着选用天然草本植物为原料的传统酿制方法，精选自 4 个大洲的超过 30 种草药和香料，经灌输、萃取、煎制巧妙地与酒水融合，把精华及有益成分都保留在了最终的产品中，其酒精度在 40°~45°，其味甚苦，被称为"苦酒之王"。

1. 种类和特征

比特酒种类繁多，有清香型，也有浓香型；有淡色，也有深色；有酒也有精（不含酒精成分）。苦味和药味是它们的共同特征。用于配制比特酒的调料主要是带苦味的草卉和植物的茎根与表皮。如：阿尔卑斯草，龙胆皮，苦橘皮，柠檬皮等，著名的比特酒产于法国、意大利等国。

2. 主要品牌

（1）Campari（康巴丽），产于意大利米兰，是由橘皮和其他草药配制而成，酒液呈棕红色，药味浓郁，口感微苦。苦味来自于金鸡纳霜，酒度 26°。

（2）Cynar（西娜尔），产自意大利，是由蓟和其他草药浸泡于酒而配制成的。蓟味浓，微苦，酒度 17°。

（3）Fernet Branca（菲奈特·布兰卡）1845 年诞生于米兰－布洛乐托，为布兰卡兄弟所拥有。酒标上的注册签名为本酒的品质保证。高品质的配料和天然草本植物的香味是本酒优质品质的保证。作为世界闻名的比特酒，自 1845 年以来，菲奈特·布兰卡的秘密就是它的天然草本植物。独特的配方和历史悠久的布兰卡酒窖的小心窖藏，使其成为意大利最有名的比特酒。它由多种草木、根茎植物为原料调配而成，味很苦，号称苦酒之王，但药用功效显著，尤其适用于醒酒和健胃，酒度 39°。

（4）Amer Picon（法国苦·波功），产于法国，它的配制原料主要有金鸡纳霜、橘皮和其他多种草药。酒液酷似糖浆，以苦著称，饮用时只用少许，再掺和其他饮料共进，酒度 21°。

（5）Suze（苏滋），产于法国，它的配制原料是龙胆草的根块。酒液呈橘黄色，口味微苦、甘润，糖分 20%，酒度 16°。

（6）Dubonnet（杜宝内），产于法国巴黎，它主要采用金鸡纳皮，浸于白葡萄酒，再配以其他草药。酒色深红，药香突出，苦中带甜，风格独特。有红、黄、干三种类型，以红杜宝内最出名，酒度 16°。

（7）Angostura（安高斯杜拉），产于特立尼达，以朗姆酒为酒基，以龙胆草为主要调制原料。酒液呈褐红色，药香悦人，口味微苦但十分爽适，在拉美国家深为人所喜爱，酒度 44°。

（8）Pimms No.1（飘仙一号），产于英国，清爽、略带甜味，适合制作一些清新的饮品，酒精含量 25%。

（9）Aperol（阿贝扰），产于意大利，该酒由蒸馏酒浸泡奎宁、龙胆草等过滤而成，因酒度较低，可直接用作开胃酒。

（10）Underberg（安德卜格），产于德国，酒精含量为 44%，呈殷红色，具有解酒的作用，这是一种用 40 多种药材、香料浸制而成的烈酒，在德国每天可售出 100 万瓶。通常采用 20 毫升的小瓶包装。

（11）China Martini（中国马天尼），出产于意大利马天尼公司，酒精含量为31%，含糖 39%，以规那树皮、苦橘皮为主要香料，味苦涩而柔和，浅黄色。

三、茴香酒

茴香酒（Anise）实际上是用茴香油和蒸馏酒配制而成的酒。茴香油中含有大量的苦艾素。45°酒精可以溶解茴香油。茴香油一般从八角茴香和青茴香中提炼取得，八角茴香油多用于开胃酒制作，青茴香油多用于利口酒制作。

茴香酒是法国最受欢迎的开胃酒之一，经常使用于味美的鱼、贝壳类、猪肉和鸡肉菜肴中。此外，添加过的色素和焦糖，可以加强其口感。但是该饮品中的主要特性仍然是"茴芹"的口感。如今，在法国，茴香酒仍然是消耗量最大的利口酒。

茴香酒中以法国产品较为有名。酒液视品种而呈不同色泽，一般都有较好的光泽，茴香味浓厚，馥郁迷人，口感不同寻常，味重而有刺激，酒度在 25°左右。著名的法国茴香酒有：Ricard（里卡尔），Pastis（巴斯的士），Pernod（彼诺），Berger Blanc（白羊倌）等。

四、开胃酒的服务

1. 净饮

使用工具：调酒杯,鸡尾酒杯,量杯,酒吧匙和滤冰器。

方法：先把 3 粒冰块放进调酒杯中,量 42ml 开胃酒倒入调酒杯中,再用酒吧匙搅拌 30 秒钟,用滤冰器过滤冰块,把酒滤入鸡尾酒杯中,加入一片柠檬。

2. 加冰饮用

使用工具：平底杯,量杯,酒吧匙。

方法：先在平底杯加进半杯冰块,量 1.5 量杯开胃酒倒入平底杯中,再用酒吧匙搅拌 10 秒钟,加入一片柠檬。

3. 混合饮用

开胃酒可以与汽水、果汁等混合饮用,也是作为餐前饮料。

以金巴利酒为例：

（1）金巴利酒加苏打水。方法：先在柯林杯中加进半杯冰块,一片柠檬,再量 42ml 金巴利酒倒入柯林杯中,加入 68ml 苏打水,最后用酒吧匙搅拌 5 秒钟。

（2）金巴利加橙汁。方法：先在平底杯中加进半杯冰块,再量 42ml 金巴利酒倒入平底杯中,加入 112ml 橙汁,用酒吧匙搅拌 5 秒钟。

其他开胃酒如味美思等也可以照此混合饮用。除此之外,还可调制许多鸡尾酒饮料。

4. 标准用量

味美思的标准用量为 50ml；比特酒的标准用量为 20～50ml；茴香酒的标准用量为 20～30ml。

第二节　佐甜食酒

常用的甜食酒的品种有波特酒、雪利酒等。雪利酒、雪利酒（Jerez,Xerez,Sherry）酒精浓度为 17%～20%。雪利酒有其特殊风味,通常被形容为"似坚果的麦香"。在颜色上由白色到深黄色,甜度由"完全不甜"到"稍甜",如同波特甜酒,其甜度受到发酵中加入白兰地的时间影响。

一、雪利酒

1. 雪利酒的起源

雪利酒可以说是至今仍在生产的最古老的醇酒。腓尼基人早在公元前 8 世纪就开始在地中海地区从事小麦、橄榄和产自大西洋地区的葡萄酒的贸易活动,至今人们还会间或在海上发现一种密封的双耳细颈小底瓶,而瓶中的液体很可能就是当时酿造的葡萄酒。2 世纪,古罗马人确实曾对这一地区出产的葡萄酒十分推崇,但人们认为雪利酒的名称(Jerez 或 Sherry)来源于赫雷斯市的阿拉伯语名称雪利斯(Scheris)。

虽然阿拉伯人在 13 世纪遭到驱逐,但这一名称却保留了下来,在莎士比亚时代,雪利白葡萄酒(Sherry – Sack)被认为是当时世界上最好的葡萄酒。

2. 雪利酒的酿造工艺

用于酿制雪利的葡萄品种有帕萝米诺(Palomino)与佩德洛席梅涅兹(Pedro Xim enez)两种。葡萄榨汁后置于新橡木桶内发酵,第一次发酵 3 ~ 7 天,产生大量泡沫之后,再缓慢发酵持续约十周,这期间,葡萄内所含的醣都会转变成酒精。次年一月,酒渐澄清,沉淀物沉入桶底;二月,在毫无人工操作的情况下,部分酒的表面会产生一层白膜,称为"开花"(Flor),是酵母菌的一种,它造就出了著名的"菲诺"(Fino);而开花很少或没有花的酒即形成"俄洛罗索"(Oloroso),这是因大自然神奇而造就的两种雪利。为助长"开花"茂盛发展,木桶盖要松开使空气流通,而且曝晒在艳阳之下,此过程是为了使葡萄糖产生变化,并赋予雪利独特风味,大约三个月后,将雪利冷却并储存。雪利酒不同于其他葡萄酒的地方是其陈酒培育新酒的处理程序。

这种处理程序使旧木桶永远保持一样品质的佳酿。至今已无 1888 年生产的酒,却可经由此程序而保持与 1888 年时相同的品质与水准。新酒在经过评鉴分级后,测试酒精含量,再加入白兰地提高酒精浓度。"菲诺"酒精浓度加强到 15% ,"俄洛罗索"在 17% 或 18% 。

特殊酿法:像西班牙这种温暖的气候,Flor 与索雷拉(Solera)这样的酒很容易因为气温过高而腐坏。为了改善这个弱点,西班牙人想到了一个绝妙的方法:一般酒在橡木桶发酵时,为了防止发霉,都是将酒满满地装入桶中;但雪利酒却反其道而行,酒农会故意留下 1/3 的空间,让酒接触到空气,而产生一层 Flor。这层 Flor 不仅保护底下的酒免于氧化,保持它明亮的酒色,并且创造出更佳的口感与新鲜、强烈、令人垂涎三尺的面包香气。而特殊的陈年系统——索雷拉,让雪利酒可以同时兼具新酒的清新与老酒的醇厚,这种方法是把成熟过程中的酒桶分为数层堆放(堆栈层数每个酒厂都不太一样,少则仅 3 层,最多则可达到 14 层)。最底层的酒桶存放最老的酒,最上层的则是最年轻的酒。

每隔一段时间,酒厂会从最底层取出一部分的酒装瓶准备出售,再从上层的酒桶中取酒,依顺序补足下层所减少的酒,例如,取第二层补第一层,取第三层补第二层,如此一来便能借着老酒为基酒,以年轻的酒调和,让雪利酒保持永恒的风味。

3. 雪利酒的分类

(1)以酿造过程中分类

①开花

有白膜的称为"开花",这就是菲诺雪利,味道不是很甜,但轻快鲜美。

②不开花

不开花的就是没有白膜的,称作俄洛罗索,味道浓郁甜美。轻快、甜美、浓郁,而且酒精浓度不是很高(一般葡萄酒为 12% ~15%)。

(2)以产区分类

①Fino(菲诺雪利),不甜。

一种形成了酵母薄膜的葡萄酒,产千赫雷斯或圣玛利亚港。该酒采用 Palomino 种葡萄品种制造,呈淡麦黄色,带有清淡的香辣味;酒龄在 5~9 年;酒精度约为 15.5 度。

②Manzanilla(曼萨尼亚雪利),不甜。

一种产于气候凉爽的沿海城市桑卢卡尔(Sanlucar)·德巴拉梅达的菲诺雪利。酒龄在 5~9 年;因为盐分和湿气的关系,酒质更紧密、更细致。

③Amontillado(阿蒙蒂亚雪利),略甜。

Fino 进一步成熟,陈化期较长的醇酒,呈琥珀色,带有类似杏仁的香味。酒龄在 10~15 年;酒精度数 17°左右。

④Oloroso(俄洛罗索雪利),甜。

一种形成了酵母薄膜的葡萄酒,具醇厚浓郁的独特香味,有甜味和略甜两种。酒龄在 10~15 年;酒精度数 18°~20°。浓甜的 Cream 型雪利即是以此酒为底调制而成。

⑤Cream(克林姆雪利),甜。

用佩德罗·希梅内斯(Perdo Ximenez)葡萄或麝香葡萄酿制的浓黑雪利甜酒。酒龄在 5~15 年。若将 PX 雪利酒和 Oloroso 雪利酒混合,酿出的酒就称为 Cream Sherry。

4. 雪利酒的服务

(1)Fino 和 Amontillado 雪利酒开瓶后应冷藏,并在 3 周内饮完。

(2)Oloroso 应在室温下饮用,一般作为餐后酒。

(3)载杯:西班牙人一般使用"郁金香"杯。

二、波特酒

波特(Porto)酒与雪利酒一样,都属于酒精加强葡萄酒,不同的是波特酒加葡萄蒸馏酒精是在发酵没有结束前,就是在葡萄汁发酵的时候加入的,因为酵母在高酒精(超过15°)条件下就会被杀死,而波特酒中的酒精度往往是达到17% ~ 22%的。由于葡萄汁没发酵完就终止了发酵,所以波特酒都是甜的。

全世界很多国家都生产波特酒(Port 或 Porto),但真正的波特酒是产于葡萄牙北部的杜洛河流域(Alto Douro)及上杜洛河区域(Upper Douro)。波特最早的名字叫Port,由于此名字被其他产酒国使用,近年来,他们已经使用波特酒的出口口岸的城市 Porto 或者 Oporto 来命名这类酒,而且只有葡萄牙杜洛河地区出产的这种加强酒精酒可以使用 Porto 的名字,其他国家和地区不得使用。

1. 波特酒的起源

波特酒产自葡萄牙北部的杜洛(Douro)河地区,杜洛河历来有"黄金河谷"的美誉,是葡萄牙的母亲河。在杜洛河两岸的山坡和峭壁上开垦出一片片梯田葡萄园,每当金秋葡萄收获的季节,杜洛河两岸黄红色的葡萄林如同仙境一般。

波特酒能在全球风靡一时,主要是英国人的功劳。英国商人在 12 世纪就开始在这里生产葡萄酒并主要出口到英国市场。特别是在 17 世纪,英国一位名为Pombal – Perhaps 的侯爵,当时是一位非常精明强干的显要政客,他制定了严格的葡萄酒的产区和葡萄酒的规则和管制,划分了葡萄园的区域,这应该是全球最早的葡萄酒的规则和管制。

在 17 世纪末和 18 世纪初,葡萄酒通常主要是运往英国的,而当时并没有发明玻璃酒瓶和橡木塞,而是用橡木桶作为容器运输,由于路途遥远,葡萄酒很容易变质,后来酒商就在葡萄酒里加入了中性的酒精(葡萄蒸馏酒精),这样就会使酒不容易腐败,保证了葡萄酒的品质,这就是最早的波特酒。在 18—20 世纪,酒商已经学会了在酿造的过程中直接加入了酒精,并且有的酒开始陈年,也酿造出多种形态的其他酒,比如香性、甜性、加强酒精性以及色如墨水般的红葡萄酒。

杜洛河流域的酒酿好后,一般都会用橡木桶运到河下游入海口的波特市进行调配、装瓶、陈年,我们如今看到的河岸一边成为博物馆的一排房子都是当初各酒商的仓库和储存波特酒的地方。

2. 波特酒的品种

(1)白波特(White Ports)

白波特是用灰白色的葡萄酿造的,一般作为开胃酒饮用,主要产自葡萄牙北部崎岖的杜洛河山谷。酒的颜色通常是金黄色的,随着陈年时间增长颜色越深,酒口感圆润,容易饮用,通常还带着香料或者蜜的香气。从半干到甜型都有,酒标上会标明,通常陈年 2 ~ 3 年后就可以上市。

(2)宝石红波特(Ruby Ports)

①普通宝石红波特:酒液颜色深,口感偏甜,果味浓郁,酒体较重,大多数在不锈钢桶内陈年不超过 3 年,适合年轻时饮用。

②珍藏宝石红波特(Reserve Ruby Ports):高品质宝石红波特,一般采用同一年份或者多个年份、在橡木桶成熟5年以上的基酒调成,酒体醇厚,果味浓郁。

③迟装年份波特(Late Bottled Ports,简称 LBV):用产自同一年份的葡萄酿制而成,一般在装瓶前已陈年4~6年。可分为两种:现代迟装年份波特(Modern LBV)在装瓶前要过滤,相比珍藏宝石红波特,风味更加浓郁复杂,且有明显收敛感;瓶中熟成迟装年份波特(Bottle Matured LBV)未经过滤,装瓶后还需在瓶中熟成3年方可上市发售,顶级的该种波特与年份波特(Vintage Ports)类似。

(3)茶色波特(Tawny Ports)

①普通茶色波特:与宝石红波特的陈年时间差不多,采用颜色浅、萃取时间短的基酒调配而成,产量大,主要销往法国。

②珍藏茶色波特(Reserve Tawny Ports):用不同年份的基酒调配而成,至少在橡木桶中熟成7年,酒液呈黄褐色或者茶色,口感柔顺,香气十分复杂。

③茶色10年/20年/30年/40年波特(Tawny10/20/30/40 Years Old Port):这是最好的茶色波特,其中的 N 年是指基酒的平均年龄。该类波特香气集中,带有巧克力、咖啡、胡桃和焦糖等复杂的香气。

④年份茶色波特(Colheita Ports):采用单一年份的基酒酿成,至少在桶中陈年8年,拥有茶色年份波特的特点,但同时能反映出该采收年份的独特性。

(4)年份波特(Vintage Ports)

这是最贵的波特,基酒产自同一个年份。要成为年份波特,需经过 IVDP(波特管理组织)的批准,综合考虑该年份的品质、数量和市场的接受程度,平均每10年才会出现3个年份。同时,年份波特还可分为以下两种:

①年份波特:陈年2~3年后装瓶,而30年以后才会上市。酒液颜色常呈深黄棕色,果味微妙,口感黏稠复杂,瓶中沉淀很厚。

②单一酒庄年份波特(Single Quinta Vintage Port):与年份波特酿造相似,且产自单一酒庄。

3. 波特酒的服务

波特酒口感较甜,通常带有覆盆子、黑莓、焦糖、肉桂和巧克力的风味。就风味而言,宝红色波特带有更多浆果和巧克力味,而茶色波特则带有更多焦糖味。两者相比,后者比前者更甜。

波特酒的酒精含量和含糖量高,最好在天气凉爽或比较冷的时候饮用。一瓶陈酿的波特酒在饮用前,应将酒直立3~5天,以使酒的沉淀物沉到瓶底。开瓶后至少放置1~2小时才可饮用,以释放任何"变味"的气体或瓶塞下可能产生的气体,波特酒无须冷藏。开瓶后的波特酒,必须在数周之内饮用完,陈酿波特酒在开瓶后的8~24小时之内就会变质。

（1）餐前开胃酒

一些较清淡的白波特酒可作餐前开胃酒,饮用前需将酒降温至 10 摄氏度左右。

（2）餐后甜酒

甜度较高的波特酒则适合作餐后甜酒,与甜点搭配,恰到好处,通常的侍酒温度可以选择在 15°～18°。

波特酒非常适合与风味浓郁的食物搭配,如奶酪(蓝纹奶酪和洗浸奶酪等)、巧克力、焦糖甜点、烟熏坚果等。此外,波特酒也可以与雪茄形成完美的搭配。

三、马德拉酒

马德拉酒(Madeira)产于大西洋的马德拉岛(Madeira)上。马德拉酒是强化酒精的酒,其性质跟一般葡萄酒不太一样,基本上属于无生命的酒。但由于酒精度高,不容易变质,也会随着时间变醇。其酿造方法通常是用普通的手法将葡萄汁变成酒,再加入白兰地,酒精度在 18°～19°,然后将酒放在罐中加热到 30°～50°催熟。有的马德拉酒是放在木桶中成熟的,至于陈放时间,则是根据不同的需要而有所不同。

1. 种类

马德拉酒分为五种类型,其中四种是以酿制它们的葡萄名命名的,从最干的酒到最甜的酒,依次是:

（1）Sercial

Sercial 是最干的马德拉酒。它有点像 Fino 雪利酒,但尝起来有点甜。它需要三四十年的时间才能醇化柔和。

（2）Verdelho

Verdelho 是半干的葡萄酒,味道清香,并具有温和柔滑的气味。Verdelho 是最适合用于烹饪的马德拉酒,因为它能赋予菜肴足够的味道。

（3）Rainwater

这种马德拉酒清淡,颜色也有点白(像是雨水)。这种酒主要是由 Negra Mole 葡萄与至少 15% 的 Venlelho 葡萄混合酿制而成。

（4）Bual(葡萄牙语中是 Boal)

这种葡萄是法国勃艮第的 Pinot Noir 葡萄的后代。而这种葡萄酒颜色比 Sercial 和 Venlelho 黑,通常为棕色,有黄油的清香,还有独特的甜味。

（5）Malmsey

这种酒气味香甜醇厚,有焦糖、柑橘、坚果的香气,颜色相当深,与奶油雪利酒相似,但比它个性更明显,是最出色的马德拉酒。分 4 个级别:

①Vintage,同一年份的酒,在桶中陈化 20 年,瓶陈两年,级别最好;

②Extra Reserve,桶陈 15 年,瓶陈两年;

③Special Reserve,桶陈 10 年;

④Reserve,桶陈 5 年。

根据葡萄牙的法律规定,如果一种葡萄酒欲以有名的葡萄品种(Sercial,Verdelho,Bual 或 Malmsey)中的一种作为商标,那么瓶中 85% 的酒必须是以那种葡萄酿制的。

2. 马德拉酒的服务

马德拉酒是强化葡萄酒,在饮用前最好能存放几天,应将酒瓶直立,以使酒的沉淀物沉到瓶底后才慢慢倒出。开瓶后,马德拉酒有 6 周的保存时间,但不可保存在高温或潮湿的地方。饮用马德拉酒时,不加冰,应在冰箱冷藏后饮用。

Serclal,Verdelho 和 Rainwater 冷藏后可作为餐前开胃酒饮用,Bual 和 Malmsey 应在室温下作为餐后酒饮用。

四、马萨拉酒

马萨拉酒(Marsala)产于意大利西西里北部,最早酿制于 18 世纪 60 年代。

1. 种类

根据意大利政府颁发的酒法,马萨拉酒分为 4 种基本类型:

(1)Marsala Vergine:酒精度数不低于 18°,通常作为开胃酒。

(2)Marsala Fine:酒精度数不低于 17°,该酒的标签上常标以"I. P",它是 Italia Particolare 的缩写。这种酒的风味有干型、甜型。

(3)Marsala Superiore:酒精度数不低于 18°,属于甜型或半甜型,酒中有爽口的苦味和焦糖风味。

(4)Marsala Speciale:指加入了香料的马萨拉酒。

2. 马萨拉酒的服务

开瓶后的马萨拉酒应冷藏,可以延长 6 个星期的寿命。马萨拉酒可作为开胃酒,适宜于冷藏饮用,但不宜加冰,而甜型马萨拉酒适宜于在室温下餐后饮用。

第三节　利口酒

利口酒(Liqueur)可以称为餐后甜酒,是由法文 Liqueur 音译而来的,它是以蒸馏酒(白兰地、威士忌、朗姆酒、金酒、伏特加)为基酒配制各种调香物品,并经过甜化处理的酒精饮料。

有高度和中度的酒,颜色娇美,气味芬芳独特,酒味甜蜜。它的酒精含量在

15% ~ 55%,主要生产国为法国,意大利,荷兰,德国,匈牙利,日本,英格兰,俄罗斯,爱尔兰,美国和丹麦。因含糖量高,相对密度较大,色彩鲜艳,常用来增加鸡尾酒的颜色和香味,突出其个性,是制作彩虹酒不可或缺的材料。还可以用来烹调、烘烤,制作冰激凌、布丁和甜点。

一、利口酒的起源

阿拉伯人发现蒸馏术后传到西方,西方化学家利用此技术、探求长生不老的秘方,又传入神学家、僧侣手中,在酒中加入草根、树皮、植物花叶、果皮、香料、果汁、咖啡等做实验,不仅改善了酒的味道,也增加了医疗作用,从而也就逐渐形成了上百种深受欢迎的利口酒。

二、利口酒的酿造方法

1. 原料

(1)基酒:威士忌、朗姆酒、白兰地和米酒等都可以作为基酒,但大多数的利口酒使用中性或谷物烈性酒来作为基酒。为了生产醇美的利口酒,使用的基酒越纯越净越好。

(2)香料:有些利口酒用一种香料制成,而有些则含有 70 种以上的香料成分。香料主要源于植物,也有的香料来源于动物、矿物。

(3)甜化剂:有的使用甜浆,有的则使用蜂蜜。

2. 酿造方法

餐后利口酒多是以烈性酒作为基酒,再掺入各种香料和糖配制而成。其制作方法如下:

(1)蒸馏法:即将酒基和香料同置于锅中蒸馏而成。

(2)浸泡法:将配料浸入基酒中使酒液从配料中充分吸收其味道和颜色,然后将配料滤出,目前该方法使用最广。

(3)渗透过滤法:此法采用过滤器进行生产,上面玻璃内放草药、香料等,下面的玻璃球放基酒,加热后,酒往上升,带着香料、草药的气味下降再上升,再下降,如此循环往复,直到酒摄取了足够的香甜苦辣为止。

(4)混合法:即将酒、糖浆或蜂蜜、食用香精混合在一起,也可叫勾兑法。

三、利口酒的种类

1. 果料类利口酒

果料类利口酒主要由 3 部分构成:水果(包括果实、果皮)、糖料和基酒(食用酒精、白兰地或其他蒸馏酒)。果料类利口酒一般采用浸泡法制作,口味清爽,宜新鲜时饮用。

果料类利口酒又可分为：

（1）柑橘类：柑橘类利口酒是用柑橘橙等作原料，加入其他香料浸泡而成，柑橘不论其酸、甜、苦，其皮晒干后自然有一种极和谐的酸甜度，酿酒后可口且易于消化。

①Triple sec：白橙皮利口酒，朗姆或白兰地＋橘皮，无色、橘黄、蓝色三种，27°～40°。

②Cointreau：君度香橙，食用酒精＋白兰地、水果，深琥珀色，40°。

③Grand Marnier：金万利，白兰地＋橘皮，淡琥珀色，40°。

（2）樱桃类利口酒：樱桃类利口酒是以樱桃浸泡白兰地一段时间后再进行蒸馏而成。

Peter Heering：彼得·海林，白兰地＋樱桃，深红色，是最好的樱桃利口酒，29.5°。

（3）奶油类利口酒：奶油类利口酒含糖量很高，一般在40%～50%，因而奶油类利口酒喝起来像奶油一样甜腻。

①Amaretto di Saronno：阿摩拉多·第·撒柔娜，酒精＋杏仁，琥珀色，是最好的奶油利口酒，带有浓郁的果香和核仁香，产自意大利。

②Crème de Banana：香蕉奶油利口酒，白兰地＋熟香蕉，黄色，25～30°。

③Crème de Cacao：可可奶油利口酒，口味极甜，30°。

④Crème de Frais：草莓利口酒，30°。

⑤Crème de Roses：玫瑰利口酒，30°。

⑥Crème de Violette：紫罗兰利口酒，白兰地＋紫罗兰，30°，颜色是紫罗兰色。

⑦Crème de Menthe：薄荷利口酒，白兰地＋薄荷，有绿色、白色，30°。

⑧Bailey's Irish Cream：百利甜酒，威士忌＋巧克力，浅咖啡色，17°。

2. 草料类利口酒

草料类利口酒是高级利口酒品种，它的酿制材料除了要有多种香草或药草中析出的成分外，还有一个必要条件，即要有健胃、助消化等功效。草料类利口酒的配制原料由植物组成，其制作工艺非常复杂，配方及生产程序严格保密。

（1）Galliano：加利安奴，食用酒精＋香草、甘草，明黄色，是意大利著名香草类利口酒。

（2）Benedictine dom：泵酒、修道院酒、当酒，白兰地＋草药、香料，43°。

（3）Drambuie：杜林标，威士忌＋蜂蜜、草药，40度，是最有名的以威士忌为酒基的利口酒，加入蜂蜜、草药调香，无任何异味，可以和威士忌兑着喝，也可以作餐后甜酒用，金黄色。

3. 种料类利口酒

种料类利口酒是以植物种子为原料制成的利口酒。一般用于酿酒的种子多是含油高、香味浓的坚果种子。

(1) Kahlua：甘露咖啡，食用酒精 + 咖啡，26.5°，褐色。

(2) Tia Maria：泰玛丽，朗姆酒 + 咖啡，是咖啡利口酒的鼻祖，产地：牙买加，31.5°。

除上述几大类风味特点十分显著的酒品外，还有其他很多种独具特色的利口酒。

(1) Blueberries Liqueur(蓝莓利口酒)

用新鲜的蓝莓压榨发酵后，经特殊工艺制成，营养丰富，呈天然宝石红色，澄清透明，酒香浓郁，甘甜醇厚，具有野生浆果的独特风格(如万山利口)。产地主要集中在中国北部的大兴安岭地区。

(2) Sambuca Liqueur(桑布加利口酒)

酒体呈黑色，酒精含量为 40%(体积分数)，具有茴香香气，香料来自于特有的茴香树花油，适用于调兑汽水饮用，产地是意大利。

(3) Apricot Brand(杏子白兰地)

采用新鲜杏子与法国干邑白兰地加工调制而成，酒体呈琥珀色，果香清鲜，产地是荷兰。

(4) Bolls Advockaat(鸡蛋白兰地)

酒体蛋黄色、不透明，采用鸡蛋黄、芳香酒精或白兰地，经特殊工艺制成，营养丰富，避光冷冻存放，产地是荷兰。

(5) De Cacao(可可甜酒)

采用上等可可豆及香兰果原料酿制，分棕、白色两种颜色：棕色酒作为餐后酒；白色酒则制作西点用，产地是荷兰。

(6) Coffee Liqueur(咖啡甜酒)

采用上等咖啡豆，经熬煮、过滤等工艺精酿而成，酒色如咖啡，芳香、浓郁，属餐后用酒，产地是荷兰。

四、利口酒的服务

纯饮可用利口酒杯，果料类利口酒冰镇后饮用最佳；草料类利口酒常温饮用最佳；种料类利口酒宜冰镇后饮用；奶油类利口酒宜冰桶降温后饮用。加冰可用古典杯或葡萄酒杯；加苏打水或果汁饮料可用果汁杯或高身杯；饮用时间：餐后饮用；标准用量：每份 30ml。

本章自测题

1. 味美思(Vermouth)按含糖量多少共分为(　　　)。

A. 2 种　　　　　　　B. 3 种　　　　　　　C. 4 种　　　　　　　D. 5 种

2. 纯饮服务时,味美思的标准用量为(　　　)。

A. 20 毫升　　　　　　B. 30 毫升　　　　　　C. 40 毫升　　　　　　D. 50 毫升

3. 生产雪利酒的原料是(　　　)。

A. 苹果　　　　　　　B. 葡萄　　　　　　　C. 橘子　　　　　　　D. 小麦

4. 马德拉酒(Madeira)分为 5 种,其中有(　　　)种是以酿造它们的葡萄命名的。

A. 1　　　　　　　　B. 2　　　　　　　　C. 3　　　　　　　　D. 4

5. 干型味美思一般产自于(　　　)。

A. 意大利　　　　　　B. 美国　　　　　　　C. 德国　　　　　　　D. 法国

6. 以下哪一个品牌属于比特酒(　　　)。

A. Campari　　　　　　B. Chambery　　　　　C. Cinzano　　　　　　D. Martini

7. 以下属于餐后类配制酒的是(　　　)。

A. Vermouth　　　　　B. Sherry　　　　　　C. Port　　　　　　　D. Liqueur

8. 君度香橙(Cointreau)是著名的(　　　)配制酒的品牌。

A. 餐前类　　　　　　B. 佐甜食类　　　　　C. 餐后类　　　　　　D. 开胃类

9. 波特酒(Port)的产地是(　　　)的杜洛河流域。

A. 西班牙　　　　　　B. 葡萄牙　　　　　　C. 意大利　　　　　　D. 波兰

10. 雪利酒中,口味甘洌清爽的称为(　　　)。

A. Fino　　　　　　　B. Ammntillado　　　　C. Oloroso　　　　　　D. Sweet Oloroso

11. 马萨拉酒(Marsala)产于(　　　),最早酿制于 18 世纪 60 年代。

A. 西班牙　　　　　　B. 葡萄牙　　　　　　C. 意大利　　　　　　D. 法国

12. 传统雪利酒的生产是通过叠桶系统(Solera System)来进行掺配的,这种方法发明于(　　　)年。

A. 1910　　　　　　　B. 1908　　　　　　　C. 1918　　　　　　　D. 1920

第 5 章

鸡尾酒

通过本章学习,使学生了解鸡尾酒的起源,熟悉鸡尾酒的命名,掌握鸡尾酒的分类和调制方法。

第一节　鸡尾酒概述

鸡尾酒(Cocktail),是由两种或两种以上的酒或酒渗入果汁配制而成的一种饮品。

一、鸡尾酒的起源

鸡尾酒一词英文为"Cocktail"。1748 年,美国出版 *The Square Recipe* 一书,书中的"Cocktail"专指混合饮料。1855 年沙卡烈所著 *Newcomes* 则出现白兰地鸡尾酒一词,此时鸡尾酒已经相当普及。19 世纪发明制冰机以后,马上有人将冰块应用在调酒上,于是冰凉美味的现代鸡尾酒立刻全世界闻名。

1920 年,美国颁布禁酒令,但是好酒之徒纷纷在酒中掺入果汁以掩饰酒味,从此各式各样的鸡尾酒应运而生。

1. 传说一

一天,宴会过后,席上剩下各种不同的酒,有的杯里剩下 1/4,有的杯里剩下 1/2。有个清理桌子的伙计,将各种剩下的酒,三五个杯子混在一起,发现味道却比原来各种单一的酒好。接着,伙计按不同组合尝试了几种,种种如此。之后将这些混合酒分给大家喝,结果评价都很高。于是,这种混合饮酒的方法便出了名,并流传开来。至于为何称为"鸡尾酒"而不叫伙计酒,便不得而知了。

2. 传说二

1775 年,移居于美国纽约阿连治的彼列斯哥,在闹市开了一家药店,制造各种精制酒卖给顾客。一天他把鸡蛋调到药酒中出售，获得一片赞许之声。从此顾客盈门，生意兴旺。当时纽约阿连治的人多说法语，他们用法国口音称之为"科克车"，后来衍成英语"鸡尾"。从此，鸡尾酒便成为人们喜爱饮用的混合酒，花式也越来越多。

3.传说三

说的是19世纪的事。美国人克里福德在哈德逊河边经营一间酒店。克里家有三件值得自豪的事，人称克氏三绝。一是他有一只膘肥体壮、气宇轩昂的大雄鸡，是斗鸡场上的名手；二是他的酒库据称拥有世界上最杰出的美酒；第三，他夸耀自己的女儿艾恩米莉是全市的绝色佳人，似乎全世界无人能比。镇上有一个名叫阿金鲁思的年轻男子，他是哈德逊河往来货船的船员，每晚都到这酒店悠闲一阵。年深月久，他和艾恩米莉坠进了爱河。这小伙子性情好，工作踏实，老克里打心里喜欢他，但又时常捉弄他说："小伙子，你想吃天鹅肉？给你个条件吧，你赶快努力当个船长。"小伙子很有恒心，努力学习、工作，几年后终于当上了船长，艾恩米莉自然也就成了他的太太。婚礼上，老头子很高兴，他把酒窖里最好的陈年佳酿全部拿出来，调合成"绝代美酒"，并在酒杯边饰以雄鸡尾羽，美丽到极。然后为女儿和顶呱呱的女婿干杯，并且高呼"鸡尾万岁！"自此，鸡尾酒便大行其道。

4.传说四

相传美国独立时期，有一个名叫拜托斯的爱尔兰籍姑娘，在纽约附近开了一间酒店。1779年，华盛顿军队中的一些美国官员和法国官员经常到这个酒店，饮用一种叫作"布来索"的混合兴奋饮料。但是，这些人不是平静地饮酒逍遥，而是经常拿店主小姐开玩笑，把拜托斯比作一只小母鸡取乐。一天，小姐气愤极了，便想出一个主意教训他们。她从农民的鸡窝里找出一雄鸡尾羽，插在"布来索"杯子中，送给军官们饮用，以诅咒这些公鸡尾巴似的男人。客人见状虽很惊讶，但无法理解，只觉得分外漂亮，因此有一个法国军官随口高声喊道"鸡尾万岁！"从此，加雄鸡尾羽的"布来索"就变成了"鸡尾酒"，并且一直流传至今。

5.传说五

许多年前，有一艘英国船停泊在犹加敦半岛的坎尔杰镇，船员们都到镇上的酒吧饮酒。酒吧楼台内有一个少年用树枝为海员搅拌混合酒。一位海员饮后，感到此酒香醇非同一般，是从未喝过的美酒。于是，他便走到少年身旁问道："这种酒叫什么名字？"少年以为他问的是树枝的名称，便回答说："可拉捷、卡杰。"这是一句西班牙语，即"鸡尾巴"的意思。少年原以树枝类似公鸡尾羽的形状戏谑作答，而船员却误以为是"鸡尾巴酒"。从此，"鸡尾酒"便成了混合酒的别名。

二、鸡尾酒的命名

鸡尾酒的命名五花八门、千奇百怪。有植物名、动物名、人名，从形容词到动词,从视觉到味觉,等等。而且,同一种鸡尾酒叫法可能不同;反之,名称相同,配方也可能不同。

1. 以酒的内容命名

以酒的内容命名的鸡尾酒虽说为数不是很多,但却有不少是流行品牌,这些鸡尾酒通常都是由一两种材料调配而成,制作方法也相对比较简单,多数属于长饮类饮料,而且从酒的名称就可以看出酒品所包含的内容。例如比较常见的有:罗姆可乐,由罗姆酒兑可乐调制而成,这款酒还有一个特别的名字,叫"自由古巴"(Cuba Liberty)。此外,还有金可乐(金酒加可乐)、威士忌可乐、伏特加可乐等。

2. 以时间命名

以时间命名的鸡尾酒在众多的鸡尾酒中占有一定数量,这些以时间命名的鸡尾酒有些表示了酒的饮用时机,但更多的则是在某个特定的时间里,创作者因个人情绪,或身边发生的事,或其他因素的影响有感而发,产生了创作灵感,创作出一款鸡尾酒,并以这一特定时间来命名鸡尾酒,以示怀念、追忆。如"忧虑的星期一""六月新娘""夏日风情"等。

3. 以自然景观命名

所谓以自然景观命名,是指借助于天地间的山川河流、日月星辰、风露雨雪,以及繁华都市、边远乡村抒发创作者的情思。因此,以自然景观命名的鸡尾酒品种较多,且酒品的色彩、口味甚至装饰等都具有明显的地方色彩,比如:"雪乡""乡村俱乐部""迈阿密海滩"等,此外还有"红云""夏威夷""蓝色的月亮""永恒的威尼斯"等。

4. 以颜色命名

以颜色命名的鸡尾酒占鸡尾酒的大部分,它们基本上是以"伏特加""金酒""朗姆酒"等无色烈性酒为酒基,加上各种颜色的利口酒调制成形形色色、色彩斑斓的鸡尾酒品。

红色——鸡尾酒中最常见的色彩,它主要来自于调酒配料"红石榴糖浆"。红色能营造出异常热烈的气氛,为各种聚会增添欢乐、增加色彩,著名的红色鸡尾酒有"新加坡司令""日出特基拉""迈泰"等。

绿色——主要来自于著名的绿薄荷酒。薄荷酒有绿色、透明色和红色三种,但最常用的是绿薄荷酒,它用薄荷叶酿成,具有明显的清凉、提神作用,著名的绿色鸡尾酒有"蚱蜢""绿魔""青龙"等。

蓝色——这一常用来表示天空、海洋、湖泊的自然色彩,如"忧郁的星期一""蓝色夏威夷""蓝天使"等。

黑色——用各种咖啡酒,其中最常用的是一种叫甘露(也称卡鲁瓦)的墨西哥咖啡酒。其色浓黑如墨,味道极甜,带浓厚的咖啡味,专用于调配黑色的鸡尾酒,如"黑色玛丽亚""黑杰克""黑俄罗斯"等。

褐色——由于欧美人对巧克力偏爱,配酒时常常使用大量的可可酒(由可可豆及香草做成)。或用透明色淡的,或用褐色的,比如用于调制"白兰地亚历山大""第五大道""天使之吻"等鸡尾酒。

金色——用带茴香及香草味的加里安奴酒,或用蛋黄、橙汁等。常用于"金色凯迪拉克""金色的梦""金青蛙"等的调制。

三、鸡尾酒的分类

1. 鸡尾酒按照饮用时间和场合分

(1)餐前鸡尾酒

餐前鸡尾酒又称为餐前开胃鸡尾酒,主要是在餐前饮用,起生津开胃之妙用,这类鸡尾酒通常含糖分较少,口味或酸、或干烈,即使是甜型餐前鸡尾酒,口味也不是十分甜腻,常见的餐前鸡尾酒有马提尼、曼哈顿,各类酸酒等。

(2)餐后鸡尾酒

餐后鸡尾酒是餐后佐助甜品、帮助消化的,因而口味较甜,且酒中使用较多的利口酒,尤其是香草类利口酒,这类利口酒中掺入了诸多药材,饮后能化解食物淤结,促进消化,常见的餐后鸡尾酒有 B&B、史丁格、亚历山大等。

(3)晚餐鸡尾酒

这是晚餐时佐餐用的鸡尾酒,一般口味较辣,酒品色泽鲜艳,且非常注重酒品与菜肴口味的搭配,有些可以作为头盆、汤等的替代品,在一些较正规和高雅的用餐场合,通常以葡萄酒佐餐,而较少用鸡尾酒佐餐。

(4)派对鸡尾酒

这是在一些派队场合使用的鸡尾酒品,其特点是非常注重酒品的口味和色彩搭配,酒精含量一般较低。派对鸡尾酒既可以满足人们交际的需要,又可以烘托各种派对的气氛,很受年轻人的喜爱。常见的酒有特基拉日出、自由古巴、马颈等。

(5)夏日鸡尾酒

这类鸡尾酒清凉爽口,具有生津解渴之妙用,尤其是在热带地区或盛夏酷暑时饮用,味美怡神,香醇可口,如冷饮类酒品、柯林类酒品、庄园宾治、长岛冰茶等。

2. 按照鸡尾酒调制后的特性分

(1)长饮

长饮(Long Drink)是用烈酒、果汁、汽水等混合调制,酒精含量较低的饮料,是一种较为温和的酒品,可放置较长时间不变质,因而消费者可长时间饮用,故称为长饮。一般认为 30 分钟左右饮用为好。与短饮相比,大多酒精浓度低,所以容易喝。

(2)短饮

短饮(Short Drink)是一种酒精含量高,分量较少的鸡尾酒,饮用时通常可以一饮而尽,不必耗费太多的时间,如:马提尼、曼哈顿等均属此类。一般认为鸡尾酒在调好后 10~20 分钟饮用为好。大部分酒精度数是 30°左右。

(3)热饮

热饮(Hot Drink)就是要用沸水、咖啡或热牛奶兑和。如托地、爱尔兰咖啡等。

3. 按照调制鸡尾酒酒基分

(1)以金酒为酒基的鸡尾酒,如:金菲斯、阿拉斯加、新加坡司令等。

(2)以威士忌为酒基的鸡尾酒,如:老式鸡尾酒、罗伯罗伊、纽约等。

(3)以白兰地为酒基的鸡尾酒,如:亚历山大、阿拉巴马、白兰地酸酒等。

(4)以朗姆为酒基的鸡尾酒,如:百家地鸡尾酒、得其利、迈泰等。

(5)以伏特酒为酒基的鸡尾酒,如:黑俄罗斯、血玛丽、螺丝钻等。

(6)以德基拉为基酒的鸡尾酒,如:玛格丽特、德基拉日出等。

(7)以中国酒为酒基,如:青草、梦幻洋河、干汾马提尼等。

4. 按照调制鸡尾酒的方法分

(1)调和法(Stirring)鸡尾酒:干马天尼、红粉佳人等。

(2)摇和法(Shaking)鸡尾酒:玛格丽特、酸威士忌等。

(3)兑和法(Building)鸡尾酒:黑俄罗斯、天使之吻等。

(4)搅和法(Blending)鸡尾酒:波斯猫、白兰地奶露等。

第二节　鸡尾酒的制作

一、鸡尾酒的基本构成

一杯美好的鸡尾酒,应具备三个条件:即基酒与配料的正确选用、装饰物的恰当使用、杯皿的正确使用。

1. 基酒

鸡尾酒的基酒一般以烈性酒为主,有金酒、白兰地、威士忌、伏特加、朗姆酒、德基拉酒六大基酒。也有些鸡尾酒用开胃酒、葡萄酒、餐后甜酒等做基酒。个别特殊的鸡尾酒不含酒的成分,纯用软饮料配制而成。

2．辅料

辅料指搭配酒水，一般有橙汁、菠萝汁、柠檬汁、西柚汁、番茄汁、汤利水、苏打水、干姜水、雪碧汽水、可乐汽水等。有时也需少量的开胃酒或甜酒。

3．配料

鸡尾酒常用的配料有：糖、盐、糖浆、咸橄榄、丁香、蜜糖、红石榴汁、淡奶、可可粉、鲜牛奶、咖啡、鸡蛋、青柠汁、小洋葱、玉桂枝、豆蔻粉、辣椒油、胡椒粉。

4．装饰物

可以用来装饰鸡尾酒的原料很多，无论是水果、花草，还是一些饰品、杯具都可以用来作为鸡尾酒的装饰物。目前流行的鸡尾酒的装饰物有以下类型：

①水果类

柠檬、樱桃、香蕉、草莓、橙子、菠萝、苹果、西瓜、哈密瓜等。

②蔬菜类

小洋葱、青瓜、芹菜等。

③花草类

玫瑰、热带兰花、蔷薇、菊花等。

④饰品类

花色酒签、花色吸管、调酒棒等。

⑤酒杯类

各种异型酒杯。

⑥其他类

糖粉、盐、豆蔻粉、肉桂棒等。

酒吧常用的标准装饰物：青柠檬角（Lime Wedges）、挤汁用柠檬皮（Lemon Peels for Twisting）、青柠檬圈（Lemon Whells）、带把樱桃（Cherries, Stemmed）、橄榄（Olives）、杏片（Apricot Slice）、蜜桃片（Peach Slice）、橙片（Orange Slice）、珍珠洋葱（Pearl Onion）、芹菜秆（Celery Stalk）、菠萝片（Pineapple Wedge）、香蕉片（Banana Slice）、柠檬角（Lemon Wedge）、新鲜薄荷叶（Mint Julep）、刨碎的巧克力或刨碎的椰子丝、香料（Spices）、泡状鲜奶（Whipped Cream）、肉桂棒（Cinnamon Stick）。

二、鸡尾酒装饰规律

鸡尾酒的种类繁多，在装饰上也千差万别。在一般情况下，每种鸡尾酒都有其装饰要求，因此装饰物是鸡尾酒的主要组成部分。虽然鸡尾酒种类繁多，装饰要求也千差万别，但在鸡尾酒的装饰中仍有其基本规律。

1．应依照鸡尾酒酒品原味选择与其相协调的装饰物

既要求装饰物的味道和香气须与酒品原有的味道和香气相吻合，并且能更加

突出该款鸡尾酒的特色。例如,当制作一款以柠檬等酸甜口味的果汁为主要辅料的鸡尾酒时,一般选用柠檬片、柠檬角之类的酸味水果来装饰。

2. 装饰物应增加鸡尾酒的特色,使酒品特色更加突出

这主要是针对其他类装饰物而言的。这类装饰物的选取,主要取决于鸡尾酒配方的要求,它就像鸡尾酒的主要成分一样重要,不容随意改动。而对于新创造的酒种,则应以考虑宾客口味为主。

3. 保持传统习惯,搭配固定装饰物

按传统习惯装饰是一种约定俗成的情况。这在传统标准的鸡尾酒配方中尤为显著。例如,在飞士(Fizz)酒类中,常以一片柠檬和一颗红色樱桃来作装饰;马丁尼一般都以橄榄或柠檬来作为装饰,等等。

4. 色泽搭配,表情达意

五彩缤纷的颜色固然是鸡尾酒装饰的一大特点,但是在颜色使用上也不能随意选取。色彩本身体现着一定的内涵。例如,红色是热烈而兴奋的;黄色是明朗而欢乐的;蓝色是抑郁而悲哀的;绿色是平静而稳定的。灵活地使用颜色可以体现调酒师在创作鸡尾酒作品时的情感。"红粉佳人"(Pink Lady)用红樱桃装饰,而"爱"(Love)则用一枝红色玫瑰来装饰,都体现着不同的寓意。

5. 象征性的造型更能突出主题

制作出象征性的装饰物往往能表达出一个鲜明的主题和深邃的内涵。德基拉日出(Tequila Sunrise)杯上那枚红樱桃,从颜色到形体都能让人联想到灿烂的天边冉冉升起的一轮红日;而马颈(Horse Neck)杯中盘旋而下的柠檬长条又让人联想到骏马美丽而细长的脖颈。

6. 形状与杯型的协调统一,形成鸡尾酒装饰的特色

装饰物形状与杯型二者在创造鸡尾酒外形美上是一对密不可分的要素。'

用平底直身杯或高大矮脚杯,常常少不了吸管、调酒棒这些实用型装饰物。另外,常用大型的果片、果皮或复杂的花形来装饰,能体现出一种挺拔秀气的美感。在此基础上可以用樱桃等小型果实作复合辅助装饰,以增添新的色彩。用古典杯时,在装饰上也要体现传统风格。常常是将果皮、果实或一些蔬菜直接投入到酒水中去,使人感觉其稳重、厚实、纯正。有时也加放短吸管或调酒棒等来辅助装饰。用高脚小型杯(主要指鸡尾酒杯和香槟杯),常常配以樱桃、橘瓣之类的小型水果、果瓣直接缀于杯边或用鸡尾签串掇起来悬于杯上,表现出小巧玲珑又丰富多彩的特色。用糖霜、盐饰杯也是此类酒中较常见的装饰。但要切记鸡尾酒的装饰一定要保持简单、简洁。

7. 注意传统规律,切忌画蛇添足

装饰对于鸡尾酒的制作来说确实是个重要环节,但是并非每杯鸡尾酒都需要

配上装饰物,有几种情况是不需要装饰的:

(1)表面有浓乳的酒品:这类酒品除按配方可撒些豆蔻粉之类的调味品外,一般情况下不需要任何装饰,因为那飘若浮云的白色浓乳本身就是最好的装饰。

(2)彩虹酒(分层酒)是在彩虹酒杯中兑入不同颜色的酒品,使其形成色彩各异的分层鸡尾酒。这种酒不需要装饰是因为那五彩缤纷的酒色已经充分体现了美。

另外,在鸡尾酒的装饰过程中,调酒师们还习惯地在制作鸡尾酒装饰物时把那些酒液浑浊的鸡尾酒的装饰物挂在杯边或杯外,而那些酒液透明的鸡尾酒的装饰物放在杯中。

三、鸡尾酒的调酒器皿

1. 量杯

量杯两端分别可以称量不同容量的液体,用于量取酒液,尤其对于初学者是必不可少的工具。常见的规格有 1/2 盎司 ~ 1 盎司,1 盎司 ~ 2 盎司等。

2. 捣棒

用于捣烂水果或其他任何需要弄碎的配料,也可碎大冰块。

3. 过滤器

过滤器顾名思义是用来滤出摇酒壶中的酒液。若使用法式摇酒壶和波士顿摇酒壶,一般都需要使用过滤器。滤冰器分为带把手的和不带把手的,防滑的和不防滑的。国内多为带把手的,常用于过滤摇和类鸡尾酒(配合摇酒壶使用),不锈钢制。常见规格有 2 头和 4 头,区别为:2 头的滤孔较大,适合调制非鲜榨果汁类饮料;4 头的滤孔较小,适合调制含有新鲜果汁或果酱类的鸡尾酒。

4. 冰夹

用于夹取冰块。

5. 调酒壶

摇酒壶可以算是鸡尾酒的代表性工具,但其实并不是所有的鸡尾酒都需要摇酒壶。需要摇和的鸡尾酒通常是包括鸡蛋、奶油、利口酒、甜果汁等。通常情况下,密度较低的原料乳利口酒、甜果汁等需要摇和 15 秒左右,而鸡蛋、奶油等需要摇和 25 秒左右。调酒壶分三种:

(1)波士顿摇酒壶(Boston Shaker):也称为美式摇酒壶。分为两个部分:一个金属的壶底和一个玻璃或塑料的调和杯。调和杯可以插入壶底来摇和。波士顿摇酒壶需要一个滤网来过滤酒液,也有调酒师喜欢摇和后轻轻打开壶底和调和杯,用两者之间的缝隙过滤酒液。波士顿摇酒壶的容量要比传统的英式摇酒壶大得多,因此适合大量制作同类鸡尾酒。有些波士顿摇酒壶的调和杯上还有常见的鸡尾酒的配方刻度,以便直接将原料酒液倒入壶中以节约时间。

(2)法式摇酒壶(French Shaker):分为两个部分,一个金属壶体和一个金属壶盖。因此法式摇酒壶也需要一个滤网来过滤酒液。

(3)英式摇酒壶(Cobbler Shaker):分为三个部分,壶体、带滤网的壶帽和一个壶盖。有时壶盖也能用于量取烈酒等。

6. 吧勺

吧勺是调制鸡尾酒必不可少的工具,主要用于搅拌和引流,有时也可以用来插取樱桃和橄榄。

7. 酒嘴

将酒嘴插在酒瓶口,可以很好地控制酒量。

8. 榨汁器

用于将新鲜的橙、柠檬和青柠檬榨成汁。

四、鸡尾酒的常见载杯

海波杯
Highball/
Long Drink

岩石杯
Rocks/
Whisky

干邑酒杯
Brandy/
Cognac

舒特酒杯
Shot

马天尼酒杯
Martini

鸡尾酒杯
Cocktail

红酒杯
Wine

香槟杯
Champagne

鸡尾酒杯　　　（1）　　（2）　　　　（1）　　（2）
Cocktail Glass　玛格丽特　　　　　古典杯
　　　　　　　　Margarita　　　　　Old –Fashioned

岩石杯　　　　　白兰地杯　　　　爱尔兰咖啡杯
Rock Glass　　　Brandy Glass　　Irish-coffee Glass
　　　　　　　　（1）　　（2）

子弹杯　　　　啤酒杯　　　　　扎啤杯
Shooter Glass　Beer Glass　　　Beer mug
　　　　　　　　　　　　　　（1）　　（2）

郁金香香槟杯　婚庆宴会用香槟杯　　笛形香槟杯

图 5－1　鸡尾酒的常见载杯

五、鸡尾酒的调制方法

1. 摇和法（Shaking）

摇和法，使用鸡尾酒摇酒壶，通过手臂的摇动来完成各种材料混合，鸡尾酒摇酒壶通常自带或附带一个滤冰器。

一般来讲，由不易相互混合的材料（如：果汁、奶油、生鸡蛋、糖浆等）构成的鸡尾酒，使用摇和法来调制。"快速"是其要点，从而避免冰块融化得太多而冲淡酒味。"双恰"即通过调酒师恰当地操作，使各种材料的混合恰到好处。

Shaking 能更好地将其充分融合，而摇动一杯鸡尾酒，会令它迅速降温。这是因为冰和液体的快速运动加速两者温度的平衡，也是因为冰块的融化令酒液降温。同时 Shaking 亦是一个"充气"过程，它可以将空气加入到酒体内，将空气困住产生气泡。这些气泡能使鸡尾酒口感更顺滑，味道更浓郁芬芳。Shaking 能产生更多气泡，更加稀释酒液，更快速降温，口感更黏稠。它是调酒中的一项基本技能。

2. 调和法（Stirring）

使用调酒杯（Mixing Glass）或厚壁大玻璃杯（Large Glass）、调酒棒或吧匙、滤冰器是使用调和法调制鸡尾酒的必备用具。

一般来讲，由易于混合的材料（如各种烈酒、利口酒等）构成的鸡尾酒，用调和法来调制。冰片或半块方冰块是使用调和法的最佳用冰量。

3. 兑和法（Building）

这种调酒方法，是将所要混合的鸡尾酒的主、辅料直接倒入载杯中。

4. 搅和法（Blending）

用电动搅拌机来完成各种材料的混合，是搅和法的特点。使用搅和法调制的鸡尾酒，大多是含有水果、冰淇淋和鲜果汁的长饮品，即 Long Drinks。所使用的水果在放入电动搅拌机之前，一定要将其切成小碎块。碎冰在最后加入，这一点不要忘记。使电动搅拌机在高速挡运转不少于 20 秒，就能获得一种雪泥状的鸡尾酒。

六、调制鸡尾酒的注意事项

1. 调制前，应选择好载杯并擦拭干净，调制冷饮类酒水时注意载杯必须冰镇。

2. 按照配方的步骤逐步进行操作。

3. 调制时必须使用量器，以保证调出的酒水口味一致。

4. 使用摇和法调酒时，摇荡的动作要迅速有力，姿势应自然美观。

5. 使用搅和法调酒时，应注意选择较大的冰块，并迅速搅拌混合，以防冰块融化过多而使酒味变淡。

6. 调酒时如使用水果,应选择新鲜、饱满的。切割后的水果应用洁净的湿布包裹放入冰箱中,冷存备用。

7. 如使用新鲜的柠檬、橙子、柑橘榨汁,压榨前应用热水浸泡,这样可以产生较多的汁液。

8. 调酒时使用鸡蛋清的目的是增加酒液的泡沫,因此摇荡时必须用力均匀。

9. 碳酸类饮品不可放入调酒壶中摇荡,以防酒液四溅。

10. 鸡尾酒调制完成后,应立即滤入载杯中并服务给客人。

11. 鸡尾酒调制完成后,应养成立即将酒瓶盖拧紧并将酒水复位的工作习惯。

12. 调酒时应使用新鲜的冰块,并按要求选择冰块的类型。

13. 装饰用的水果片,切割时应注意不可太薄。

14. 制作糖浆时,糖分与水的比例3∶1 即可。

15. 酒中所使用的糖块、糖分要首先在调酒器或酒杯中用少量的水将其融化,然后再加入其他材料进行调制。

16. 使用糖浸车厘罐头装饰前,应用清水漂洗。

17. 给客人服务鸡尾酒时应使用杯垫垫底。

18. 倒酒时,注入的酒不可太满,应以八分满为宜。太满会给饮用造成一定的困难,太少又会显得非常难堪。

19. 所有需要挂霜的鸡尾酒载杯,在使用前应注意使之湿润。

20. 往调酒壶中加入酒水时,应注意先加入辅料,再加入基酒。

21. 在调酒中"加满苏打水或矿泉水"这句话是针对容量适宜的酒杯而言的,根据配方的要求最后加满苏打水或其他饮料。对于容量较大的酒杯,则需要掌握分量,加满只会使酒变淡。

22. 调制热饮酒,酒温不可超过78℃,因为酒精的蒸发点是78.5℃,温度太高会使酒液失去酒味。

23. 严格按配方分量调制鸡尾酒。

24. 酒杯要擦干净,手拿酒杯的下部。

25. 倒酒水要使用量杯,不要随意把酒斟入杯中。

26. 调和法调酒,搅拌时间不宜太长,一般用中速搅拌5～10秒。

27. 用摇和法,动作要快,用力摇荡,摇至调酒器表面起霜即可。

28. 要用新鲜的冰块,搅和法要用碎冰。

29. 使用合格的酒水。

30. 调制好立即倒入杯中。

31. 水果装饰物要选用新鲜的水果。

32. 尽量不要用手接触酒水、冰块、杯沿、装饰物。

33. 调酒器和电动搅拌机每使用一次后,一定要清洗一次。

七、酒吧常见鸡尾酒调法和来历

1. Pink Lady(红粉佳人)

原料:金酒 30ml、蛋清 15ml、柠檬汁 15ml、红石榴糖浆 7.5~8ml(太多太少都影响色彩)。

调法:在摇酒壶中加 8 分满的冰块,倒入配料,摇至外部结霜,倒入装饰好的鸡尾酒杯,置于杯垫上。

装饰:红樱桃装饰。

载杯:鸡尾酒杯。

来历:该酒是 1912 年,著名舞台剧《红粉佳人》在伦敦首演的庆功宴会上,献给女主角海则尔·多思的鸡尾酒。

2. Tequila Sunrise(特基拉日升)

原料:龙舌兰酒 30ml、红石榴糖浆 10ml、柳橙汁(鲜橙汁)以杯的容量为准,从中心向外切一刀柳橙片作装饰。

调法:加 3 分满的冰块于杯中,倒入龙舌兰,注入柳橙汁至 8 分满,用吧叉匙轻搅拌。取红石榴糖浆沿吧叉匙背面顺流入杯底,不搅拌,置于杯垫上。

装饰:柳橙片架于杯口。

载杯:鸡尾酒杯。

来历:本款鸡尾酒如同红日正喷薄而出,故名。

3. Matador(斗牛士)

原料:龙舌兰酒 30ml、菠萝汁 45ml、柠檬汁 15ml。

调法:在杯中加入三分之一的冰块,将原料倒入摇酒壶摇匀,倒入杯中,置于杯垫上。

载杯:古典酒杯。

来历:Matador 之意为斗牛士,墨西哥斗牛盛行,本款鸡尾酒用墨西哥特产龙舌兰做基酒,故名。

4. Screw Driver(螺丝起子)

原料:伏特加 30ml、柳橙汁(用鲜橙汁或味全橙汁味道极佳)。

调法:在杯中加 3 分满冰块,量伏特加 30ml 倒入,注入柳橙汁至 8 分满后,用吧叉匙轻搅 4~5 下,放入调酒棒,置于杯垫上。

载杯:高飞球杯(Highball)或科林杯。

来历:当年在伊朗油田上工作的美国人为了解暑,用工具袋中的螺丝起子来搅拌伏特加和柳橙汁作为降温饮料,故名。又称螺丝刀。

5. Russian(俄罗斯人)

原料:伏特加 20ml、金酒 20ml、深色可可酒 20ml。

调法:在摇酒壶中加 8 分满的冰块,倒入配料,摇至外部结霜,倒入杯中,置于杯垫上。

载杯:鸡尾酒杯。

来历:伏特加原产俄罗斯,故名。

6. Black Russian(黑色俄罗斯人)

原料:伏特加 30ml、咖啡香甜酒 15ml。

调法:在杯中加 8 分满的冰块,量 30ml 伏特加倒入,再量 15ml 咖啡香甜酒倒入,用吧叉匙轻搅 4~5 下,置于杯垫上。

载杯:古典杯。

来历:本款酒又称"黑俄",因为采用了俄罗斯人最喜爱的伏特加为基酒,又加入了咖啡香甜酒,颜色较深,故名。

7. White Russian(白色俄罗斯人)

原料:伏特加 30ml、咖啡香甜酒 15ml、鲜奶油(打过)。

调法:在杯中加 8 分满的冰块,量 30ml 伏特加倒入,再量 15ml 咖啡香甜酒倒入,用吧叉匙轻搅 4~5 下,在上面浇一层打过的鲜奶油,置于杯垫上。

载杯:古典杯。

来历:本款酒又称"白俄",原本是在"黑俄"上加了一层白色的鲜奶油,故名。

8. Angel's Kiss(天使之吻)

原料:深色可可香甜酒、鲜奶、红樱桃装饰。

调法:用量酒器量深色可可香甜酒于酒杯中,用吧叉匙的背面顺杯壁缓缓倒入鲜奶,深色可可香甜酒倒满 3/4 杯,奶倒满 1/4 杯,置于杯垫上。

载杯:利口杯。

装饰:横叉樱桃于杯口。

9. Cuba Libre(自由古巴)

原料:深色朗姆酒 30ml、柠檬汁 15ml(现榨味更佳)、可乐。

调法:在杯中加 8 分满的冰块,量 30ml 深色朗姆酒与 15ml 柠檬汁于杯中,注入可乐至 8 分满,用吧叉匙轻搅 2~3 下。放入调酒棒,置于杯垫上。

载杯:科林杯。

装饰:夹柠檬片于杯口。

来历:Cuba Libre 是古巴人民在西班牙统治下争取独立的口号。美西战争中,在古巴首都哈瓦那登陆的一个美军少尉在酒吧要了朗姆酒,他看到对面座位上的战友们在喝可乐,就突发奇想把可乐倒入了朗姆酒中,并举杯对战友们高呼:"Cuba

Libre!"从此就有了这款鸡尾酒。

10. Dog's Nose(狗鼻子)

原料:金酒 45ml、啤酒。

调法:量 45ml 金酒倒入冰镇杯中,加冰镇过了的啤酒至 8 分满,轻搅均匀,置于杯垫上。

载杯:香槟杯。

来历:本款鸡尾酒润泽光亮,就像小狗湿润的鼻子,故名。

11. Shanghai(上海)

原料:黑色朗姆酒 30ml、柠檬汁 20ml、茴香酒 10ml、红石榴糖浆不超过 3~5ml(否则颜色太红)。

调法:在摇酒壶中加 8 分满的冰块,倒入配料,摇至外部结霜,倒入杯中,置于杯垫上。

载杯:鸡尾酒杯。

来历:上海曾为欧美各国的租界地,这款鸡尾酒反映的是旧上海的风貌,故名。

12. Bloody Mary(血腥玛丽)

原料:伏特加 30ml、柠檬汁 15ml、辣酱油 1 滴、酸辣油 1 滴、黑胡椒粉(适量)、盐(适量)(盐和胡椒不可多加,否则影响口味),番茄汁、柠檬角(1/8 切法)和芹菜棒作装饰。

调法:杯中加 3 分满的冰块,加入伏特加 30ml,柠檬汁 15ml,辣酱油 1 滴,酸辣油 1 滴,黑胡椒粉(适量),盐(适量),再注入番茄汁至 8 分满,用吧叉匙轻搅几下,置于杯垫上。

载杯:高飞酒杯。

装饰:夹取柠檬角于杯口,芹菜棒于杯中(高于液面 5cm)。

来历:"玛丽"是指 16 世纪中叶英国女王玛丽一世,她心狠手辣,为复兴天主教杀戮了很多新教教徒,因此得了这个绰号。本款鸡尾酒颜色血红,使人联想到当年的屠杀,故名。

13. Virgin Mary(纯真玛丽)

原料:柠檬汁 15ml、辣酱油 1 滴、酸辣油 1 滴、黑胡椒粉(适量)、盐(适量)(盐和胡椒不可多加,否则影响口味),番茄汁 150ml、柠檬角(1/8 切法)和芹菜棒作装饰。

调法:在杯中加 3 分满的冰块,量番茄汁 150ml,柠檬汁 15ml 倒入,加辣酱油 1 滴,酸辣油 1 滴,黑胡椒粉(适量),盐(适量),用吧叉匙轻搅几下,置于杯垫上。

载杯:高飞酒杯。

装饰:夹取柠檬角于杯口,芹菜棒于杯中(高于液面 5cm)。

来历:"血腥玛丽"不加基酒,便为"纯真玛丽"。

14. B&B

原料:白兰地酒 1/2 杯、班尼狄克丁香甜酒 1/2 杯。

调法:量班尼狄克丁香甜酒 1/2 杯倒入杯中,再沿吧叉匙背面将 1/2 杯白兰地酒缓缓倒入杯中(动作要轻缓),置于杯垫上。

载杯:利口杯。

来历:白兰地酒 Brandy 和班尼狄克丁香甜酒 Benedictine 都是字母 B 开头的,故名"B&B"。

15. Kamikaze(神风特攻队)

原料:伏特加 30ml、白柑橘香甜酒 15ml、柠檬汁 15ml,柠檬一片作饰品。

调法:在杯中加 8 分满的冰块,量 30ml 伏特加,白柑橘香甜酒 15ml,柠檬汁 15ml 倒入,用吧叉匙轻搅 4~5 下,置于杯垫上。

载杯:古典杯。

装饰:夹柠檬片于杯口。

16. California Punch(加州宾治)

原料:白朗姆酒 30ml、柳橙汁 90ml、苏打水 8 分满、穿插柳橙片与红樱桃作饰品。

调法:在杯中加 8 分满的冰块,量白朗姆酒 30ml,柳橙汁 90ml,倒入杯中,再加入苏打水至 8 分满,用吧叉匙轻搅 2~3 下,置于杯垫上。

载杯:科林杯。

装饰:夹穿插柳橙片与红樱桃于杯口,放入调酒棒。

17. God Father(教父)

原料:苏格兰威士忌 15ml、杏仁香甜酒 15ml、红樱桃装饰。

调法:在杯中加 8 分满的冰块,量苏格兰威士忌 15ml,杏仁香甜酒 15ml,用吧叉匙轻搅几下,置于杯垫上。

载杯:古典杯。

装饰:串红樱桃于杯口。

来历:原料中的杏仁香甜酒最先是用意大利名产甜露酒阿马雷特,而教父是黑手党首领的称谓,故名。

18. Pousse Café(普施咖啡)

原料:红石榴糖浆 1/5 杯、深色可可酒 1/5 杯、白柑橘香甜酒 1/5 杯、绿薄荷香甜酒 1/5 杯、白兰地 1/5 杯。

调法:将五种酒按顺序用吧叉匙的背面顺杯壁缓缓倒入香甜酒杯,置于杯垫上。

载杯:利口杯。

19. Old Fashioned(古典酒)

原料:波旁威士忌 30ml、安格式苦精 1ml 约 4 滴、方糖 1 块、苏打水少许、柠檬皮(一厘米切法),穿插柳橙片与红樱桃作饰品。

做法:夹方糖于古典杯中,滴苦精 4 滴于糖上,在糖上加少许苏打水,用吧叉匙压碎方糖。在杯上拧柠檬皮,抹香杯口,放入杯中。加入适量冰块,量波旁威士忌30ml 倒入,用吧叉匙轻搅 4 ~ 5 下。插红樱桃于柳橙片上,放入杯中,置于杯垫上。

来历:本款鸡尾酒是装在古典杯中最典型的调法,故名。

20. Hawaiian Cooler(夏威夷酷乐)

原料:金酒 30ml、白柑橘香甜酒 15ml、柠檬汁 15ml、苏打水 8 分满,穿插红樱桃与凤梨片作饰品。

做法:在高飞球杯中加 8 分满的冰块,量金酒 30ml,白柑橘香甜酒 15ml,柠檬汁 15ml 倒入,加苏打水至 8 分满,用吧叉匙轻搅 2 ~ 3 下,插红樱桃与凤梨片于杯口,放入调酒棒,置于杯垫上。

来历:Hawaiian Cooler 之名即为夏威夷人用来避暑降温的饮料。

21. Mint Frappe(薄荷芙莱蓓)

原料:绿薄荷香甜酒 30ml、碎冰 1 杯,红樱桃作装饰。

做法:在鸡尾酒杯中加满碎冰,量绿薄荷香甜酒 30ml 淋在冰上,切短两根吸管插入碎冰内,夹樱桃于冰上,置于杯垫上。

来历:Frappe 即果汁刨冰,又加绿薄荷香甜酒,故名。

22. Daiquiri(戴吉利)

原料:白朗姆酒 45ml、柠檬汁 15ml、糖水 15ml 或一匙砂糖。

做法:将原料倒入摇酒壶摇匀,倒入鸡尾酒杯,置于杯垫上。

来历:Daiquiri 是古巴一座矿山的名字,1898 年古巴独立后,很多美国人来到了 Daiquiri,他们把古巴特产朗姆酒、砂糖与柠檬汁混在一起作为消暑饮料,故名。

23. Brandy Alexander(白兰地亚历山大)

原料:白兰地 20ml、深色可可酒 20ml、鲜奶 20ml、豆蔻粉。

做法:在摇酒壶中加 8 分满的冰块,倒入配料,摇至外部结霜,倒入鸡尾酒杯,表面撒少许豆蔻粉,置于杯垫上。

来历:当英王爱德华七世还是皇太子的时候,与丹麦国王的长女亚历山德拉结婚,此酒为皇子献给太子妃的结婚纪念酒,故名。

24. Amaretto Sour(杏仁酸酒)

原料:杏仁香甜酒 45ml、柠檬汁 22.5ml、糖水 22.5ml,穿插柳橙片与红樱桃作饰品。

做法:在摇酒壶中装8分满的冰块,倒入配料,摇至外部结霜,倒入酸酒杯,夹穿插柳橙片与红樱桃于杯上,置于杯垫上。

来历:本款鸡尾酒以其配料及口味取名。

25. Whiskey Sour(威士忌酸酒)

原料:波旁威士忌45ml、柠檬汁22.5ml、糖水22.5ml,穿插柳橙片与红樱桃作饰品。

做法:在摇酒壶中装8分满的冰块,倒入配料,摇至外部结霜,再倒入酸酒杯,夹穿插柳橙片与红樱桃于杯上,置于杯垫上。

来历:本款鸡尾酒以其配料及口味取名。

26. Grasshopper(绿色蚱蜢)

原料:绿薄荷香甜酒22.5ml、白可可香甜酒22.5ml、鲜奶22.5ml。

做法:在摇酒壶中装8分满的冰块,倒入配料,摇至外部结霜,倒入鸡尾酒杯,置于杯垫上。

来历:本款鸡尾酒颜色淡绿,很像蚱蜢的体色,故名。

27. Flying Grasshopper(飞天蚱蜢)

原料:伏特加30ml、绿薄荷香甜酒15ml、白可可香甜酒15ml。

做法:在摇酒壶中装8分满的冰块,倒入配料,摇至外部结霜,倒入鸡尾酒杯,置于杯垫上。

来历:本款鸡尾酒乃是"绿色蚱蜢"去掉鲜奶,换作伏特加,酒性更烈,故名"飞天蚱蜢"。

28. Egg Nog(蛋酒)

原料:白兰地30ml、白朗姆酒15ml、糖水15ml、鲜奶油90ml、蛋黄1个、少量豆蔻粉。

做法:在摇酒壶中装8分满的冰块,倒入配料(最后倒入蛋黄),摇至外部结霜。倒入高飞球杯,撒上少许豆蔻粉,置于杯垫上。

来历:本款鸡尾酒因为用到了白兰地、鸡蛋,亦称作"白兰地蛋诺"。

29. Gin Fizz(琴费士)

原料:金酒30ml、柠檬汁15ml、柠檬汁15ml、糖水15ml、苏打水8分满,柠檬一片作饰品。

做法:在摇酒壶中装5分满的冰块,量金酒30ml、柠檬汁15ml、柠檬汁15ml、糖水15ml倒入,摇至外部结霜,将摇杯连原料带冰块一起倒入高飞球杯,加苏打水至8分满,用吧叉匙轻搅2~3下。夹柠檬片于杯口,放入调酒棒,置于杯垫上。

来历:"Fizz"是苏打水泡沫爆响的谐音,原料中基酒为金酒,故名,又称"杜松子汽酒"。

30. Frosted Pineapple(凤梨霜汁)

原料:白薄荷糖浆 30ml、凤梨汁 8 分满,穿插红樱桃与凤梨一片作饰品。

做法:在柯林杯中加入 8 分满的冰块,量白薄荷糖浆 30ml 倒入,加入凤梨汁至 8 分满,用吧叉匙轻搅几下,插红樱桃与凤梨片于杯口,放入吸管与调酒棒,置于杯垫上。

来历:本款鸡尾酒以其配料及口味取名。

31. Cinderella(灰姑娘)

原料:柠檬汁 30ml、柳橙汁 30ml、凤梨汁 15ml、红石榴糖浆 10ml、七喜汽水 8 分满,穿插柳橙片与红樱桃作饰品。

做法:在柯林杯中加入 8 分满的冰块,量柠檬汁 30ml,柳橙汁 30ml,凤梨汁 15ml,红石榴糖浆 10ml 倒入杯中,注入七喜汽水至 8 分满,用吧叉匙轻搅几下,夹穿插柳橙片与红樱桃于杯口,放入吸管与调酒棒,置于杯垫上。

来历:本款"鸡尾酒"不含酒精,没了酒的刺激,对于男人来说略显平淡,故名"灰姑娘"。

32. Chi Chi(奇奇)

原料:伏特加 30ml、凤梨汁 90ml、柠檬汁 15ml、椰浆 30ml,穿插柠檬片与红樱桃作饰品。

做法:量伏特加 30ml,凤梨汁 90ml,柠檬汁 15ml,椰浆 30ml 倒入搅拌机内。用碎冰机碎适量冰块,加入搅拌机内。打匀倒入柯林杯中,夹穿插柠檬片与红樱桃于杯上,放入吸管与调酒棒,置于杯垫上。

33. Pina Colada(凤梨可乐达)

原料:白朗姆酒 30ml、凤梨汁 90ml、柠檬汁 15ml、椰浆 30ml,穿插凤梨片与红樱桃作饰品。

做法:量白朗姆酒 30ml,凤梨汁 90ml,柠檬汁 15ml,椰浆 30ml 倒入搅拌机内。用碎冰机碎适量冰块,加入搅拌机内。打匀倒入柯林杯中,夹穿插凤梨片与红樱桃于杯上,放入吸管与调酒棒,置于杯垫上。

来历:"Pina"即西班牙语"凤梨",而"Colada"即冰镇果汁朗姆酒,本款鸡尾酒是墨西哥等地区极流行的降暑饮料。

34. Scorpion(天蝎座)

原料:白朗姆酒 30ml、白兰地 15ml、柳橙汁 60ml、凤梨汁 60ml,穿插柳橙片与红樱桃作饰品。

做法:量白朗姆酒 30ml,白兰地 15ml,柳橙汁 60ml,凤梨汁 60ml,倒入搅拌机内。用碎冰机打碎适量冰块,加入搅拌机内。打匀倒入柯林杯中,夹穿插柳橙片与红樱桃于杯上,放入吸管与调酒棒,置于杯垫上。

35. Fruit Punch(水果宾治)

原料:柳橙汁 60ml、凤梨汁 60ml、红石榴糖浆 10ml、七喜汽水 8 分满,穿插柳橙片与红樱桃作饰品。

做法:在柯林杯中加入 8 分满的冰块,量柳橙汁 60ml,凤梨汁 60ml,红石榴糖浆 10ml 倒入杯中,注入七喜汽水至 8 分满,用吧叉匙轻搅几下,夹穿插柳橙片与红樱桃于杯口,放入吸管与调酒棒,置于杯垫上。

来历:"Punch"即果汁、香料、奶、茶、酒等掺和的香甜混合饮料,本款 Punch 又由多种果汁调成,故名。

36. Mai Tai(迈泰)

原料:白色朗姆酒 30ml、深色朗姆酒 15ml、白柑橘香甜酒 15ml、柠檬汁 15ml、糖水 15ml、红石榴糖浆 10ml,穿插红樱桃与凤梨片作饰品。

做法:在摇酒壶中装 5 分满的冰块,量白色朗姆酒 30ml,深色朗姆酒 15ml,白柑橘香甜酒 15ml,柠檬汁 15ml,糖水 15ml,红石榴糖浆 10ml 倒入,摇至外部结霜,将摇杯中原料和较完整的冰块一起倒入古典酒杯,穿插红樱桃(在上)与凤梨片(在下)一边挂在杯口,一边浸入酒中,置于杯垫上。

来历:"Mai Tai"是澳大利亚塔西提岛土语,意思是"好极了"。1944 年这款酒的最初品尝者是两个塔西提岛人,他们品饮之后连声说:"Mai Tai!"从此得名。本款酒又叫:"好极了""迈太"或"媚态"。

37. Golden Dream(金色梦幻)

原料:意大利加里亚诺香草酒 30ml、白柑橘香甜酒 15ml、柳橙汁 15ml、鲜奶 15ml。

做法:在摇酒壶中装 8 分满的冰块,倒入配料,摇至外部结霜,倒入鸡尾酒杯,置于杯垫上。

38. Margarita(玛格丽特)

原料:龙舌兰酒 45ml、白柑橘香甜酒 15ml、柠檬汁 15ml。

做法:制作盐口鸡尾酒杯(切柠檬一片,夹取之擦湿鸡尾酒杯口,铺薄盐在圆盘上,将杯口倒置,轻沾满盐备用)。在摇酒壶中装 8 分满的冰块,倒入配料,摇至外部结霜,倒入盐口杯,置于杯垫上。

来历:本款鸡尾酒是 1949 年全美鸡尾酒大赛冠军,它的创作者是洛杉矶的简·杜雷萨。在 1926 年,他和恋人玛格丽特外出打猎,玛格丽特不幸中流弹身亡。简·杜雷萨从此郁郁寡欢,为纪念爱人,将自己的获奖作品以她的名字命名。因为玛格丽特生前特别喜欢吃咸的东西,故本款鸡尾酒杯使用盐口杯。

39. Singapore Sling(新加坡司令)

原料:金酒 30ml、柠檬汁 30ml、红石榴糖浆 15ml、樱桃白兰地 15ml、苏打水 8 分满,穿插柠檬片与红樱桃作饰品。

做法:在摇酒壶中装 8 分满的冰块,量金酒 30ml,柠檬汁 30ml,红石榴糖浆 15ml 倒入,摇至外部结霜,倒入加适量冰块的柯林杯,加入苏打水至 8 分满,淋上樱桃白兰地 15ml,穿插柠檬片与红樱桃于杯口,放入吸管与调酒棒,置于杯垫上。

来历:"斯林酒"又称"司令酒"(Sling),是鸡尾酒的一种,是由白兰地、威士忌或杜松子酒制成的饮料,可加糖,通常还用柠檬调味。而这款"新加坡司令"则是由被英国小说家萨马塞特·毛姆称赞为"东洋之神秘"的新加坡著名的拉夫鲁斯饭店于 1915 年创制的。

40. Sidecar(侧车)

原料:白兰地 22.5ml、白柑橘香甜酒 22.5ml、柠檬汁(或柠檬汁)22.5ml。

做法:在摇酒壶中装 8 分满的冰块,倒入配料,摇至外部结霜,倒入鸡尾酒杯,置于杯垫上。

来历:侧车,也叫挎斗摩托,也就是三轮摩托,是一战中军队常用的交通工具,本款鸡尾酒又叫"挎斗摩托"或"赛德卡",是在一战中由巴黎的一位常骑坐挎斗摩托的法军大尉所创制的。

41. Stinger(醉汉)

原料:白兰地 45ml、白薄荷香甜酒 22.5ml。

做法:在摇酒壶中装 8 分满的冰块,倒入配料,摇至外部结霜,倒入鸡尾酒杯,置于杯垫上。

42. Orange Blossom(橘花)

原料:金酒 30ml、柳橙汁 30ml、甜苦艾酒 15ml。

做法:切柳橙一片,夹取之擦湿鸡尾酒杯口,铺糖在圆盘上,将杯口倒置,轻沾满糖备用。在摇酒壶中装 8 分满的冰块,倒入配料,摇至外部结霜,倒入糖口鸡尾酒杯,置于杯垫上。

43. Planter's Punch(拓荒者宾治)

原料:深色朗姆酒 30ml、柠檬汁 30ml、红石榴糖浆 2ml、安格式苦精 1ml 约 4 滴、苏打水 8 分满,穿插柳橙片与红樱桃作饰品。

做法:在柯林杯中加 8 分的满冰块,量深色朗姆酒 30ml,柠檬汁 30ml,红石榴糖浆 2ml,安格式苦精 1 毫升约 4 滴倒入摇酒壶中摇匀,倒入杯中,再加入苏打水至 8 分满杯,用吧叉匙轻搅 2~3 下。夹穿插柳橙片与红樱桃于杯口,放入调酒棒与吸管,置于杯垫上。

44. New York(纽约)

原料:波旁威士忌 45ml、柠檬汁 15ml、红石榴糖浆 15ml、柳橙一片作饰品。

做法:在摇酒壶中装 8 分满的冰块,倒入配料,摇至外部结霜,倒入鸡尾酒杯,夹柳橙片于杯口,置于杯垫上。

来历:本款鸡尾酒表现纽约的城市色彩,体现了五光十色的夜景,喷薄欲出的朝阳,落日的余晖。

45. Silver Fizz(银费士)

原料:金酒 30ml、柠檬汁 15ml、蛋白 15ml、糖水 15ml、苏打水 8 分满。

做法:在摇酒壶中装 5 分满的冰块,量金酒 30ml,柠檬汁 15ml,蛋白 15ml,糖水 15ml 倒入,摇至外部结霜,将摇杯连原料带冰块一起倒入高飞球杯内,加苏打水至 8 分满,用吧叉匙轻搅 2~3 下。放入调酒棒,置于杯垫上。

来历:"Fizz"是苏打水泡沫爆响的谐音,原料中基酒为金酒并加了蛋白,故名。

46. Martini(马天尼)

原料:金酒 45ml、不甜苦艾酒 22.5ml、橄榄或柠檬皮(一厘米切法)。

做法:在调酒杯中加入 5 分满的冰块,倒入配料,用吧叉匙搅拌均匀,倒入鸡尾酒杯,加入橄榄或柠檬皮,置于杯垫上。

来历:"马天尼"这个名字来源于本款鸡尾酒的原料之一的不甜/甜苦艾酒。这种酒早先最著名的生产厂商是意大利的马尔蒂尼·埃·罗西公司,所以最初这款酒叫作"马尔蒂尼",后来演变成现在的名字。

47. Manhattan(曼哈顿)

原料:波旁威士忌 45ml、甜苦艾酒 22.5ml、安格式苦精 1ml 约 4 滴、红樱桃装饰。

做法:在调酒杯中加入 5 分满的冰块,倒入配料,用吧叉匙搅拌均匀,倒入装饰好的鸡尾酒杯,置于杯垫上。

来历:据说本款鸡尾酒是英国前首相丘吉尔之母杰妮发明的。她生于美国,是纽约社交届的著名人物。在曼哈顿俱乐部,她为自己支持的总统候选人举行宴会时,选用了本款鸡尾酒招待客人。

48. Blue Bird(蓝鸟)

原料:金酒 45ml、白柑橘香甜酒 15ml、蓝柑橘糖浆 7.5ml、安格式苦精 1ml 约 4 滴、柠檬皮(一厘米切法)。

做法:在调酒杯中加入 5 分满的冰块,倒入配料,用吧叉匙搅拌均匀,倒入鸡尾酒杯,扭转柠檬皮擦拭鸡尾酒杯杯口,再放入杯中,置于杯垫上。

49. Rob Roy(罗伯罗依)

原料:波旁威士忌 45ml、甜苦艾酒 22.5ml、红樱桃装饰。

做法:在调酒杯中加入 5 分满的冰块,倒入配料,用吧叉匙搅拌均匀,倒入装饰好的鸡尾酒杯,置于杯垫上。

50. Rusty Nail(锈钉子)

原料:苏格兰威士忌 45ml、蜂蜜香甜酒 22.5ml。

做法:在调酒杯中加入5分满的冰块,倒入配料,用吧叉匙搅拌均匀,倒入鸡尾酒杯,置于杯垫上。

51. Gibson(吉普生)

原料:金酒45ml、不甜苦艾酒22.5ml、小洋葱。

做法:在调酒杯中加入5分满的冰块,倒入配料,用吧叉匙搅拌均匀,倒入鸡尾酒杯,加入小洋葱,置于杯垫上。

52. Gimlet(琴蕾)

原料:金酒30ml、柠檬汁30ml、糖水15ml、柠檬一片作饰品。

做法:在调酒杯中加入5分满的冰块,倒入配料,用吧叉匙搅拌均匀,倒入装饰好的鸡尾酒杯,置于杯垫上。

53. Frozen Margarita(霜冻玛格丽特)

原料:龙舌兰酒30ml、白柑橘香甜酒15ml、柠檬汁30ml。

做法:制作盐口鸡尾酒杯(切柠檬一片,夹取之擦湿鸡尾酒杯口,铺薄盐在圆盘上,将杯口倒置,轻沾满盐备用)。量龙舌兰酒30ml,白柑橘香甜酒15ml,柠檬汁30ml,倒入搅拌机内。用碎冰机打碎适量冰块,加入搅拌机内。打匀倒入盐口杯,置于杯垫上。

来历:本款鸡尾酒是"玛格丽特"加碎冰打匀,故名。

54. Frozen Daiquiri(霜冻戴吉利)

原料:白朗姆酒45ml、白柑橘香甜酒15ml、柠檬汁15ml、糖水15ml 或一匙砂糖。

做法:量白朗姆酒45ml,白柑橘香甜酒15ml,柠檬汁15ml,糖水15ml 或一匙砂糖,倒入搅拌机内。用碎冰机打碎适量冰块,加入搅拌机内。打匀倒入鸡尾酒杯,置于杯垫上。

来历:本款鸡尾酒是"戴吉利"加碎冰打匀,故名。

55. Americano(美国佬)

原料:金巴利酒30ml、甜苦艾酒22.5ml、苏打水八分满、柠檬皮(一厘米切法)。

做法:在高飞球杯中加8分满的冰块。量金巴利酒30ml,甜苦艾酒22.5ml 于杯中,注入苏打水至8分满,用吧叉匙轻搅2~3下。扭转柠檬皮擦拭高飞球杯杯口,再放入杯中,放入调酒棒,置于杯垫上。

56. Bourbon Coke(波旁可乐)

原料:波旁威士忌30ml、可乐八分满、柠檬一片作饰品。

做法:在高飞球杯中加8分满的冰块。量波旁威士忌30ml 于杯中,注入可乐至8分满,用吧叉匙轻搅2~3下。夹柠檬片于杯口,放入调酒棒,置于杯垫上。

来历:本款鸡尾酒以其配料取名。

57. Brandy Ginger(白兰地姜汁)

原料:白兰地 30ml、姜汁汽水八分满。

做法:在高飞球杯中加 8 分满的冰块。量白兰地 30ml 于杯中,注入姜汁汽水 8 分满,用吧叉匙轻搅 2~3 下。放入调酒棒,置于杯垫上。

来历:本款鸡尾酒以其配料取名。

58. Canadian 7up(加拿大七喜)

原料:加拿大威士忌 30ml、七喜汽水八分满。

做法:在高飞球杯中加 8 分满的冰块。量加拿大威士忌 30ml 于杯中,注入七喜汽水至 8 分满,用吧叉匙轻搅 2~3 下。放入调酒棒,置于杯垫上。

来历:本款鸡尾酒以其配料取名。

59. Gin Buck(金霸克)

原料:金酒 30ml、柠檬汁 15ml、姜汁汽水八分满,柠檬一片作饰品。

做法:在高飞球杯中加 8 分满的冰块。量金酒 30ml,柠檬汁 30ml 于杯中,注入姜汁汽水至 8 分满,用吧叉匙轻搅 2~3 下。夹柠檬片于杯口,放入调酒棒,置于杯垫上。

60. Gin Ginger(金姜汁)

原料:金酒 30ml、姜汁汽水八分满、柠檬皮(一厘米切法)。

做法:在高飞球杯中加 8 分满的冰块。量金酒 30ml 于杯中,注入姜汁汽水至 8 分满,用吧叉匙轻搅 2~3 下。扭转柠檬皮擦拭高飞球杯杯口,再放入杯中,放入调酒棒,置于杯垫上。

来历:本款鸡尾酒以其配料取名。

61. Gin Tonic(金汤力)

原料:金酒 30ml、汤力水八分满,柠檬一片作饰品。

做法:在高飞球杯中加 8 分满的冰块。量金酒 30ml 于杯中,注入汤力水至 8 分满,用吧叉匙轻搅 2~3 下。夹柠檬片于杯口,放入调酒棒,置于杯垫上。

来历:本款鸡尾酒以其配料取名。

62. Salty Dog(咸狗)

原料:伏特加 30ml、葡萄柚汁八分满。

做法:制作盐口高飞球杯(切柠檬一片,夹取之擦湿高飞球杯口,铺薄盐在圆盘上,将杯口倒置,轻沾满盐备用)。在盐口高飞球杯中加满 8 分冰块。量伏特加 30ml 于杯中,注入葡萄柚汁至 8 分满,用吧叉匙轻搅 5~6 下。放入调酒棒,置于杯垫上。

来历:"咸狗"一词是英国人对满身海水船员的蔑称,因为他们总是浑身泛着盐花,本款鸡尾酒的形式与之相似,故名"咸狗"。

63. Scotch Soda(苏格兰苏打)

原料:苏格兰威士忌 30ml、苏打水八分满。

做法:在高飞球杯中加 8 分冰块。量苏格兰威士忌 30ml 于杯中,注入苏打水至 8 分满,用吧叉匙轻搅 2~3 下。放入调酒棒,置于杯垫上。

来历:本款鸡尾酒以其配料取名。

64. Tom Collins(汤姆柯林)

原料:金酒 30ml、柠檬汁 15ml、糖水 15ml、苏打水八分满,穿插柠檬片与红樱桃作饰品。

做法:在柯林杯中加满 8 分冰块。量金酒 30ml、柠檬汁 15ml、糖水 15ml 于杯中,注入苏打水至 8 分满,用吧叉匙轻搅 2~3 下。夹穿插柠檬片与红樱桃于杯口,放入调酒棒与吸管,置于杯垫上。

65. Vodka Tonic(伏特加汤力)

原料:伏特加 30ml、汤力水八分满,柠檬一片作饰品。

做法:在高飞球杯中加 8 分满的冰块。量伏特加 30ml 于杯中,注入汤力水至 8 分满,用吧叉匙轻搅 2~3 下。夹柠檬片于杯口,放入调酒棒,置于杯垫上。

来历:本款鸡尾酒以其配料取名。

66. Horse's Neck(马颈)

原料:波旁威士忌 30ml、姜汁汽水八分满,螺旋莱姆皮作饰品。

做法:将柠檬皮削成螺旋形,放入高飞球杯中,皮的一头挂在杯沿上,在杯中加满 8 分冰块。量波旁威士忌 30ml 于杯中,注入姜汁汽水至 8 分满,用吧叉匙轻搅 2~3 下。放入调酒棒,置于杯垫上。

来历:在欧美各地,每年秋收一结束就举行庆祝活动。19 世纪时,在这种庆祝中人们喝的就是装饰着像马脖子的莱姆皮的鸡尾酒,故名。第二种说法是美国总统西奥多·罗斯福狩猎时骑在马上,喜欢一边抚摸着马脖子一边品着这款鸡尾酒,"马颈酒"的名称就由此而来。

67. John Collins(约翰柯林)

原料:威士忌(百龄坛)30ml、柠檬汁 15ml、糖水 15ml、苏打水八分满,穿插柠檬片与红樱桃作饰品。

做法:在柯林杯中加满 8 分冰块。量调配威士忌 30ml,柠檬汁 15ml,糖水 15ml 于杯中,注入苏打水至 8 分满,用吧叉匙轻搅 2~3 下。夹穿插柠檬片与红樱桃于杯口,放入调酒棒与吸管,置于杯垫上。

来历:据说本款鸡尾酒是著名的酒吧侍者约翰·柯林所创,故名。

68. Blue Lagoon(蓝色珊瑚礁)

原料:蓝柑橘糖浆 30ml、柠檬汁 15ml、苏打水八分满,穿插柠檬片与红樱桃作饰品。

做法:在柯林杯中加满8分冰块,量蓝柑橘糖浆30ml,柠檬汁15ml于杯中,注入苏打水至8分满,用吧叉匙轻搅2~3下。夹穿插柠檬片与红樱桃于杯口,放入调酒棒与吸管,置于杯垫上。

69. Orange Squash(柳橙苏打)

原料:鲜柳橙汁120ml、七喜汽水八分满,穿插柳橙片与红樱桃作饰品。

做法:在柯林杯中加满8分冰块。量鲜橙汁120ml于杯中,注入七喜汽水至8分满,用吧叉匙轻搅2~3下。夹穿插柳橙片与红樱桃于杯上,置于杯垫上。

来历:本款鸡尾酒以其配料取名。

70. Fever(狂热)

原料:伏特加30ml、白柑橘香甜酒20ml、葡萄柚40ml。

做法:在摇酒壶中装5分满的冰块,量伏特加30ml,白柑橘香甜酒20ml,葡萄柚40ml倒入,摇至外部结霜,将摇杯中原料和较完整的冰块一起倒入古典酒杯,置于杯垫上。

71. Long Island Ice Tea(长岛冰茶)

原料:金酒15ml、伏特加15ml、白朗姆酒15ml、龙舌兰酒15ml、白柑橘香甜酒15ml、柠檬汁30ml、糖水10ml、可乐八分满,柠檬一片与小雨伞饰。

做法:在高飞球杯中加3分满的冰块。在调酒杯中加入5分满的冰块,倒入配料,用吧叉匙搅拌均匀,倒入高飞球杯,加入可乐至八分满,夹柠檬片与小雨伞于杯口,置于杯垫上。

72. Blue Hawaii(蓝色夏威夷)

原料:椰香朗姆酒30ml、蓝橙力娇酒30ml、凤梨汁30ml、柠檬汁15ml、柠檬一片与小雨伞(或兰花一朵)装饰。

做法:在摇酒壶中装8分满的冰块,倒入配料,摇至外部结霜,倒入高脚香槟酒杯,夹柠檬片与小雨伞(或兰花一朵)于杯口,置于杯垫上。

73. High Life(非常喜悦)

原料:伏特加45ml、白柑橘香甜酒10ml、凤梨汁10ml、蛋白一个。

做法:在摇酒壶中装5分满的冰块,量伏特加45ml,白柑橘香甜酒10ml,凤梨汁10ml,蛋白一个,摇至外部结霜,将摇杯中原料和较完整的冰块一起倒入古典酒杯,置于杯垫上。

74. Lady Be Good(贤妻良母)

原料:白兰地20ml、白柑橘香甜酒5ml、甜苦艾酒5ml。

做法:在摇酒壶中装5分满的冰块,量白兰地20ml,白柑橘香甜酒5ml,甜苦艾酒5ml,摇至外部结霜,倒入小鸡尾酒杯,置于杯垫上。

75. Fantasia(幻想曲)

原料:伏特加 50ml、樱桃白兰地 10ml、橙色柑香甜酒 10ml、葡萄柚 20ml。

做法:在摇酒壶中装 5 分满的冰块,量伏特加 50ml,樱桃白兰地 10ml,橙色柑香甜酒 10ml,葡萄柚 20ml 倒入,摇至外部结霜,将摇杯中原料和较完整的冰块一起倒入古典酒杯,置于杯垫上。

76. Imperial Fizz(帝王嘶沫)

原料:威士忌 45ml、白朗姆酒 15ml、柠檬汁 20ml、砂糖 2 茶匙、苏打水八分满。

做法:在摇酒壶中装 5 分满的冰块,量威士忌 45ml,白朗姆酒 15ml,柠檬汁 20ml,砂糖 2 茶匙倒入,摇至外部结霜,将摇杯中原料和较完整的冰块一起倒入古典酒杯。加入苏打水至八分满,置于杯垫上。

来历:本款鸡尾酒以最具男性魅力的威士忌为基酒调制而成,正彰显出"森林之王"狮子的雄威气势,又在酒中加上苏打水,故名"Imperial Fizz"。

77. Whisky Mist(威士忌密斯特)

原料:威士忌 60ml、细碎冰一杯、柠檬皮。

做法:古典酒杯中倒满细碎冰,加入威士忌 60ml,挤少许柠檬皮汁于杯中,置于杯垫上。

来历:本款鸡尾酒中是碎冰加威士忌,看起来像被一层雾气罩住,故加碎冰块的烈性鸡尾酒称为"Mist"(薄雾),本款鸡尾酒又称"威士忌薄雾"。

78. California Lemonade(加州柠檬汁)

原料:威士忌酒 45ml、柠檬汁 20ml、莱姆汁 10ml、红石榴糖浆 10ml、糖水 10ml、苏打水 8 分满,柠檬角作饰品。

做法:在摇酒壶中装 5 分满的冰块,量威士忌酒 45ml,柠檬汁 20ml,莱姆汁 10ml,红石榴糖浆 10ml,糖水 10ml 倒入,摇至外部结霜,将摇杯中原料和较完整的冰块一起倒入高飞球杯,加苏打水至八分满,夹取柠檬角于杯口。放入调酒棒,置于杯垫上。

来历:本款鸡尾酒口感舒畅,适合在空气干燥的加州饮用,故名。

79. Hole In One(一杆进洞)

原料:威士忌 20ml、干苦艾酒 10ml、柠檬汁 20ml、柳橙汁 10ml。

做法:在摇酒壶中装 8 分满的冰块,倒入配料,摇至外部结霜,倒入鸡尾酒杯,置于杯垫上。

来历:美国是最盛行高尔夫球的国家,高尔夫球手都喜爱本款鸡尾酒,每个高尔夫球手都希望有机会一杆进洞,该酒因此得名。

80. Irish Coffee(爱尔兰咖啡)

原料:爱尔兰威士忌 30ml、咖啡适量、咖啡幼糖适量、鲜奶油适量。

做法:爱尔兰咖啡杯加温后放入咖啡糖,把咖啡到入杯中到七分满,加入爱尔兰威士忌 30ml,轻轻搅拌,将打过的鲜奶油慢慢注入杯中,达到三厘米的厚度,置于杯垫上。

来历:寒冷的冬季,横跨大西洋的飞机在接近爱尔兰空港时,为使乘客暖和起来而提供本款鸡尾酒,故名。

81. Rattlesnake(响尾蛇)

原料:混合威士忌 45ml、茴香酒 2~3ml、柠檬汁 10ml、糖水 5ml、蛋清一个量。

做法:在摇酒壶中装 8 分满的冰块,倒入配料,摇至外部结霜,倒入鸡尾酒杯,置于杯垫上。

来历:本款鸡尾酒力道十足,如果多饮则很容易喝醉,就像被响尾蛇咬了一口一般,故名。

82. Olympic(奥林匹克)

原料:白兰地 30ml、橙色柑香甜酒 30ml、柳橙汁 30ml。

做法:在摇酒壶中装 8 分满的冰块,倒入配料,摇至外部结霜,连冰带酒倒入古典杯,置于杯垫上。

来历:本款鸡尾酒诞生在巴黎著名的"丽晶饭店",是为了纪念 1900 年在巴黎举行的奥林匹克运动会而创制的,故名。

83. Nikolaschka(尼古拉斯)

原料:白兰地 30ml、砂糖一茶匙、柠檬薄片一片。

做法:用量酒器量白兰地 30ml 于香甜酒杯中,放柠檬薄片于杯口,在薄片上倒一茶匙砂糖,置于杯垫上。

来历:据说俄国皇帝尼古拉斯二世喜欢这样就着柠檬一起喝伏特加酒,因而这款创制于德国的鸡尾酒就借用了这个名字。

84. Honeyed Apples(甜苹果)

原料:苹果白兰地 60ml、蜂蜜 10ml。

做法:用量酒器量苹果白兰地 60ml,蜂蜜 10ml 倒入啤酒杯中搅拌均匀,在杯中加入 60 摄氏度的热水至八分满,置于杯垫上。

来历:本款鸡尾酒以其配料取名。

85. American Beauty(美国丽人)

原料:白兰地 15ml、甜苦艾酒 15ml、红石榴糖浆 15ml、柑橘汁 15ml、白薄荷酒 10ml、红葡萄酒约 15ml。

做法:在摇酒壶中装 8 分满的冰块,量白兰地 15ml,甜苦艾酒 15ml,红石榴糖浆 15ml,柑橘汁 15ml,白薄荷酒 10ml 倒入杯中摇至外部结霜,倒入鸡尾酒杯,用吧叉匙的背面顺杯壁缓缓倒入红葡萄酒,置于杯垫上。

来历:"美国丽人"是玫瑰花的一个品种,是美国华盛顿特区的区花,本款鸡尾酒创于华盛顿,且红色配暗红边的酒色也酷似此花,故名。

86. Earthquake(地震)

原料:金酒 20ml、威士忌 20ml、法国大茴香酒 20ml,从中心向外切一刀猕猴桃片一片装饰。

做法:在摇酒壶中装 8 分满的冰块,量金酒 20ml,威士忌 20ml,法国大茴香酒 20ml 倒入杯中摇至外部结霜,倒入鸡尾酒杯,夹猕猴桃片架于杯口,置于杯垫上。

来历:本款鸡尾酒酒精度较高,喝多了会醉,摇摇晃晃地就像是地震的感觉,故名。

87. Mint Julep(薄荷朱丽普)

原料:波旁威士忌 60ml、苏打水 20ml、砂糖 2 茶匙、薄荷叶 4～6 片,薄荷叶装饰。

做法:把 4～6 片薄荷叶弄碎和 2 茶匙砂糖放在果汁杯中,加入苏打水 20ml 搅拌使砂糖溶化,将冰块打碎倒入杯中约 2/3 杯,量波旁威士忌 60ml 倒入,充分搅拌至酒杯外面挂霜,装饰薄荷叶,插入吸管,置于杯垫上。

来历:所谓"朱丽普"即白兰地或威士忌加糖、冰及薄荷等的混合饮料,据说"朱丽普"在波斯语中即"玫瑰",故在酒中加入有玫瑰类香味之水的饮料就叫"朱丽普"。

88. Mojito(莫吉托)

原料:金色朗姆酒 45ml、柠檬半个、砂糖 1 茶匙、薄荷叶 4～6 片,薄荷叶加莱姆一片装饰。

做法:把半个柠檬榨汁,倒入香槟或果汁杯,把 4～6 片薄荷叶弄碎和 1 茶匙砂糖放在杯中,搅拌使砂糖溶化,将半个柠檬皮去白拧成螺旋形放入杯中,冰块打碎倒入杯中约 3/4 杯,量金色朗姆酒 45ml 倒入,充分搅拌至酒杯外面挂霜,装饰薄荷叶加柠檬一片,插入吸管置于杯垫上。

来历:据说此酒是在加勒比海到处横行的英国海盗制作的,名称是沿用这群海盗首领的名字。

89. Alexander(亚历山大)

原料:金酒 30ml、棕色可可酒 30ml、鲜奶油 30ml、巧克力刨花。

做法:制作糖口鸡尾酒杯(切柳橙一片,夹取之擦湿鸡尾酒杯口,铺糖在圆盘上,将杯口倒置,轻沾满糖备用)。在摇酒壶中装 8 分满的冰块,倒入配料,摇至外部结霜,倒入糖口鸡尾酒杯,在酒面上洒巧克力刨花装饰,置于杯垫上。

来历:据说古代马其顿国王亚历山大最喜欢在烈性酒中加入糖来饮用,故名。

第三节　混合饮品

一、混合饮品与鸡尾酒

鸡尾酒属于混合酒,但并不是所有的混合饮料都是鸡尾酒,许多混合饮料没有名称,就是简单地把酒水的名称叠加起来,例如,金汤力水、威士忌苏打水、伏特加七喜、朗姆酒加可乐等。其名称简单,做法也简单,深得广大消费者的青睐。在酒吧中往往约定俗成地把简单混合饮料归类到鸡尾酒中。

二、常见混合饮品

1. 金汤力水:在柯林杯中加入半杯冰块,放入一片柠檬片,加入 28ml 的金酒,最后加入汤力水至 8 分满,用吧匙搅拌均匀即可。

2. 金酒加雪碧:在柯林杯中加入半杯冰块,放入一片柠檬片,加入 28ml 的金酒,最后加入雪碧至 8 分满,用吧匙搅拌均匀即可。

3. 金酒加可乐:在柯林杯中加入半杯冰块,放入一片柠檬片,加入 28ml 的金酒,最后加入可乐至 8 分满,用吧匙搅拌均匀即可。

4. 金酒加橙汁:在柯林杯中加入半杯冰块,加入 28ml 的金酒,最后加入橙汁至 8 分满,用吧匙搅拌均匀即可。

5. 威士忌加苏打水:在柯林杯中加入半杯冰块,加入 28ml 的威士忌,最后加入苏打水至 8 分满,用吧匙搅拌均匀即可。

6. 白兰地加可乐:在柯林杯中加入半杯冰块,加入 28ml 的白兰地,最后加入可乐至 8 分满,用吧匙搅拌均匀即可。

7. 朗姆酒加可乐:在柯林杯中加入半杯冰块,加入 28ml 的朗姆酒,放入一片柠檬片,最后加入可乐至 8 分满,用吧匙搅拌均匀即可。

8. 伏特加加汤力水:在柯林杯中加入半杯冰块,加入 28ml 的伏特加,放入一片柠檬片,最后加入汤力水至 8 分满,用吧匙搅拌均匀即可。

9. 伏特加加七喜:在柯林杯中加入半杯冰块,加入 28ml 的伏特加,放入一片柠檬片,最后加入七喜至 8 分满,用吧匙搅拌均匀即可。

10. 伏特加加橙汁:在柯林杯中加入半杯冰块,加入 28ml 的伏特加,最后加入橙汁至 8 分满,用吧匙搅拌均匀即可。

11. 伏特加加可乐:在柯林杯中加入半杯冰块,放入一片柠檬片,加入 28ml 的伏特加,最后加入可乐至 8 分满,用吧匙搅拌均匀即可。

12.金巴利酒加苏打水:在柯林杯中加入半杯冰块,放入一片柠檬片,加入42ml的金巴利,最后加入橙汁至8分满,用吧匙搅拌均匀即可。

13.金巴利加橙汁:在平底杯中加入半杯冰块,加入42ml的伏特加,最后加入橙汁至8分满,用吧匙搅拌均匀即可。

14.绿薄荷酒加七喜:在柯林杯中加入半杯冰块,加入28ml的绿薄荷酒,最后加入七喜至8分满,用吧匙搅拌均匀即可。

本章自测题

1.虽然对于鸡尾酒的起源说法不一,但一般我们认为鸡尾酒起源于(　　)。

A.英国　　　　　B.美国　　　　　C.法国　　　　　D.德国

2.以增进食欲为目的的混合酒称为(　　)。

A.餐前鸡尾酒　　B.俱乐部鸡尾酒　C.餐后鸡尾酒　　D.晚餐鸡尾酒

3.鸡尾酒的基酒一般以(　　)酒为主。

A.配制　　　　　B.烈性　　　　　C.发酵　　　　　D.酿造

4.使用果汁机的调酒方法是(　　)。

A.调和法　　　　B.摇和法　　　　C.兑和法　　　　D.搅和法

5.调制含气类饮料时,不应采用的方法是(　　)。

A.调和法　　　　B.摇和法　　　　C.兑和法　　　　D.搅和法

6.鸡尾酒的一个重要特征就是色彩艳丽、斑斓,非常诱人,红颜色的鸡尾酒通常是由于调酒时加入了(　　)。

A.西红柿汁　　　B.胡萝卜汁　　　C.石榴糖浆　　　D.红葡萄酒

7.形成鸡尾酒的颜色呈绿色,主要是由于调酒时加入了(　　)。

A.黄瓜汁　　　　B.绿薄荷酒　　　C.薄荷汁　　　　D.青瓜汁

8.按照国际惯例,以烈酒为代表的酒品在调酒或零杯销售时,一般按"标准定量"为计量单位销售,通常的"标准定量"计量单位是(　　)。

A.30ml　　　　　B.28ml　　　　　C.26ml　　　　　D.24ml

9.常用的调制鸡尾酒的方法共有四种,其中用机电设备替代手工操作调制鸡尾酒的方法是(　　)。

A.兑和法　　　　B.调和法　　　　C.摇和法　　　　D.搅和法

参考文献

1. 李勇平. 酒水知识[M]. 长沙:湖南科技出版社,2004.
2. 王晓晓. 酒水知识与操作服务技能[M]. 沈阳:辽宁科技出版社,2003.
3. 匡家庆. 调酒与酒吧管理[M]. 北京:旅游教育出版社,2012.
4. 百度文库,http://wenku.baidu.com/
5. 中国调酒师网,http://www.tiaojiushi.com/
6. 红酒世界网,http://www.wine-world.com/
7. 红酒百科全书网,http:// www.pudaowines.com/

责任编辑:果凤双

图书在版编目(CIP)数据

酒水知识／刘敏编著． --北京：旅游教育出版社，
2016.4（2021.6）

酒店餐饮经营管理服务系列教材

ISBN 978-7-5637-3351-4

Ⅰ．①酒… Ⅱ．①刘… Ⅲ．①酒—教材 Ⅳ.
①TS971

中国版本图书馆 CIP 数据核字 （2016） 第 058643 号

酒店餐饮经营管理服务系列教材

酒水知识

刘 敏 编著

出版单位	旅游教育出版社
地 址	北京市朝阳区定福庄南里 1 号
邮 编	100024
发行电话	(010)65778403 65728372 65767462(传真)
本社网址	www.tepcb.com
E－mail	tepfx@163.com
排版单位	北京旅教文化传播有限公司
印刷单位	河北省三河市灵山芝兰印刷有限公司
经销单位	新华书店
开 本	787 毫米×960 毫米　1/16
印 张	12.625
字 数	192 千字
版 次	2016 年 4 月第 1 版
印 次	2021 年 6 月第 5 次印刷
定 价	26.00 元

（图书如有装订差错请与发行部联系）